ちくま新書

骨が語る日本人の歴史

片山一道
Katayama Kazumichi

1126

骨が語る日本人の歴史【目次】

イラスト＝佐々木玉季

はじめに

†古人骨研究と人類学

私は長らく、自然人類学に関係する教育と研究活動を専門稼業としてきた。考古学が盛んな日本では、考古学プロパーの道を歩んできたのではない私でも、最近では考古学関係の講義や講演を頼まれることが少なくない。ことに昨今は、人類学よりも考古学の一部たる「骨考古学《こつこうこがく》」に関する講義や講演のほうが多い。

ようやく一般の人々の骨考古学への関心も高くなってきた。「日本人」の歴史についての関心からであろう。日常会話や講演のときなどに、「日本人のルーツは、どこにあったのですか」「そもそも日本人は、どこから来たのですか」などの質問を、しばしば受ける。

私は人類学を専門にする者であって、日本史や古代史を本職とするわけではないので、この種の素朴な質問をスラスラとかわす器用さなどない。だが、骨考古学から見て、初めてわかることも少なくない。それは、考古学の遺跡から出土する古人骨《こじんこつ》や動植物の遺存体《いぞんたい》などの調査が、われわれ理系の人類学者たちの手に委ねられてきたからだ。

三〇～五〇歳代の頃、私がもっとも熱心に勤《いそ》しんだのは、ポリネシア人と呼ばれる人々の素姓を探り、正体を解明する研究であった。彼らの祖先は、地球にはびこる人間という怪物の歴史では傍流だったかもしれない。だがポリネシア人は、人間史上で最初に広大な南太平洋世界を自家薬籠中のものとした。彼らは、いかにして無人の海洋世界に広がり、そこに散らばるポリネシアの島々を、どんな道筋をたどり、いかなる戦略や手段を駆使しながら発見・植民・開拓したのか。三〇〇〇年ほどの彼らの歴史のなかで、どのように生きてきたのか。そもそも、彼らはどんな流れをくむ人たちであったのか。

私はそのような主要テーマと併行して、古人骨の研究にも励んできた。考古学の遺跡では、土器や石器や金属器や遺構などの人工遺物だけでなく、動物遺存体（貝殻や動物骨《どうぶつこつ》）や植物遺残《いざん》など、あるいは古人骨（新しい人骨と区別して、「古」を付ける）も出土する。

わが国でも古人骨研究は盛んである。そのさきがけは、E・モース（アメリカ人の動物学者、ダーウィンの進化論を日本に紹介し普及に努めた）であった。明治の初期に大森貝塚（東京）で見つかった人骨類を彼が調べたときをもって、その嚆矢《こうし》とする。それ以来の成りゆきで、古人骨や動植物の遺存体などの調査が、理系の人類学者に委ねられてきたのだ。

一九八八年に実施された藤ノ木《ふじのき》古墳（奈良の斑鳩《いかるが》）の調査の頃からは、ポリネシア人の研究とともに、古人骨の研究が、わが研究活動の二本柱のひとつとなった。ニュージーランドやオーストラリア、トルコやグアテマラ、イタリアのポンペイなどでも、古人骨の研究を委嘱されたから、あちこちに赴き、それら異国での人骨研究に大いに慣れ親しんだ。もちろん、日本の発掘現場で出土する各時代の古人骨と接する機会がいちばん多かった。

†「日本人」とはなにか

実は、そもそも一口に「日本人」と言っても、さほど事は単純ではない。長い歴史の過程で、日本人の身体性も心性も大きく様変わりしてきたからだ。日本人には特有の人間模様がある。それは、東西南北に海岸線が伸び、山岳が深く交差する日本列島独特の地理と気候のたまものである。時代性と地域性に彩られた身体現象が、輻輳《ふくそう》した模様を描きながら育まれてきた。現代においても「県民性」などが人口に膾炙《かいしゃ》するゆえんである。

では、今の日本人の多様性や地域性を云々《うんぬん》すれば、こと足りるのだろうか。それこそ問題がありすぎる。現代日本人は、身体特徴に限ってみても、日本人の歴史のなかでは突飛すぎる存在だからだ。歴史の流れはひとつの河川系にたとえられよう。だが、川の最終出口たる河口を綿密に調べようとも、その大河の全容など皆目わからない。それが道理だ。縄文人《じょうもんじん》から倭人《わじん》、さらに日本人へと続く歴史の流れも大河なのである。その大河のなかで、現代日本人の身体特徴は、一種独特、異質にすぎる。現在の身体特徴は、奥行きも凹《おう》凸《とつ》もないスクリーンに投影されるアウトプットのようなものにすぎないから、それを見て「日本人とはこういうグループである」などとする話は、乱暴かつ大雑把にすぎるのだ。

ともかく今の日本人の身体特徴は、日本列島人の歴史のなかでは一般的ではない。異形《いぎょう》にすぎる。背が異常に高く、顔が小さく顎《あご》が細く、脚が長く足が大きい。こんな人間は、日本列島の人々の歴史のなかでは珍しいのだ。ここ七〇年ばかりの現象でしかない。ようやく太平洋戦争後になって生まれた特徴なのである。突然変異のようにと言うと語弊があるが、非常に風変わりな容貌と体形を特徴とするのが、今の日本人なのだ。

もちろん歴史の産物としてそうなったのではあるが、あまりにも特異にすぎ、日本人の歴史をたどり、日本人の由来を探るには、今の日本人を詮索するだけでは不可能なのだ。

いずれにせよ、時代をさかのぼらねばならない。日本人の素顔が、どのように変遷してきたか。前半のⅠでは、時代ごとに通史的に鳥瞰《ちょうかん》してみたい。そして後半のⅡでは、そうした通史的検証を踏まえ、「身体史観」を提唱したい。これは、生身の人間の目線で、できるかぎりリアリズムにあふれる人物像で考えていく歴史の見方である。身体史観からすると、現在の歴史教育や、司馬遼太郎の史観にも問題が多い。そうした従来の日本人論に対抗する「もうひとつの日本人論」の試みとして、お読みいただければ幸いである。

Ⅰ

日本人の実像を探る

第1章　旧石器時代人

1　最古の日本人

†日本人の登場

日本列島に最初の「日本人」が住み着いたのは、どのくらい前であろうか。何十万年も前、アジア大陸に北京《ペキン》原人などのいた頃だろうか。何万年か前、ヨーロッパなどにネアンデルタール人などがいた頃なのか。あるいは、何千年か前のことにすぎないのだろうか。いきなり「日本人」を登場させるのは、いかにも軽率だとの誹《そし》りをまぬがれないだろう。もちろん、遠くて長い時間のスパンで日本列島での人間の歴史を語るには、日本列島人としたほうがよい。「日本人」にしても、「日本史」にしても、日常的に自明のごとく使われるが、そのことに、なにかしら「しっくりこない」感覚をおぼえたとしても、臍《へそ》曲がりではない。そのほうが正しい。

日本列島に「日本」などの統合意識が芽生えるのは、後のほうで述べる「日本の中世」が始まる頃のこと。つまりは、律令制に基づく中央集権国家が建設されようとした奈良時代の頃、あるいは、中国の王朝などに対して、みずからの存在を主張するようになった古墳時代の頃だそうだ。だが、その頃になってやっと、今の日本人へと連綿と続く「日本の歴史」が始まったわけでも、「日本人の歴史」が歩みを始めたわけでもない。

それまでは、「倭国《わこく》」であり「倭人《わじん》」である。では「その前は?」となると、はてさて……。多くのかたが言葉を濁してしまうのではあるまいか。それに、倭国の時代であっても、どこからどこまで倭人がいたのか。律令国家が始まっても、中世となっても、どこからどこまで、日本人の広がりがあったのか。だから、日本列島の歴史だとか、日本列島人の歴史だとか、そうするのがなによりもよいのだろうが、いちいちそんなことをやると、ともかくもどかしすぎる。

いずれにせよ、「日本人の歴史」の舞台に「日本人」が登場するのは、律令国家「日本」が形成されるまで、あるいは「日本文化」なるものが形づくられるまで待たねばならない。でも、本書の性格を勘案して、日本列島人と「日本人」とがまぎらわしく濫用されていても、ご容赦願いたい。

だからこの先、なんの断りなく、日本列島に居住してきた人々を指す言葉として「日本人」を使っても、言葉遣いに鈍感すぎる、などと思わないでいただきたい。ともかく深い意図のようなものなどはない。「日本国民」とか「日本民族」などとかも使われるかもしれないが、要するに、日本人とは日本列島に根づいた人々のことなのだ。もちろん、後で登場する「アイヌ」「琉球人」については、それなりに配慮するよう工夫したい。

†最古の日本人はいつやって来たのか

まずは日本人の歴史の奥行きを推しはかることから始めよう。日本列島人の歴史は、そもそもいつごろ始まったのか。

ひとつ確実なことがある。最古の日本列島人は、「どこからかやって来た」のである。けっして、日本列島で創造されたり、人間が誕生したり、あるいは、先行霊長類から進化したりするようなことはなかった。ともかく最初の日本人は、どこからかやって来たのだ。

もうひとつ、たしかなことがある。うんと離れたところから彼らがやって来たのではなく、アジアの近場、おそらくは周辺に広がる東アジアからか、北東アジアのほうからやって来たはずだ。遠くアフリカあたりから、東南アジアの低緯度地帯から、あるいは、アメリカ大陸やポリネシアの方面から海域をジャンプして来ることもなかったはずだ。

はたして、①どこから来たのだろうか。②どのくらい前のことだったのだろうか。③どんな人々だったのだろうか。④どうやって来たのだろうか。⑤日本列島のどこに来て、どの地方に住んでいたのだろうか。⑥どんな暮らしをしていたのだろうか。⑦日本列島全体で、どれほどの人口規模だったのだろうか。このうち、③と⑦は難問である。

そもそも日本列島に最初に人間が住み着いたのは、どのくらい前だろうか。これについては、案外、答えやすい。当時の人々が遺した遺跡や石器を探せばよいのだ。当然だが当時は、石器時代だったはずだから、不朽の人工作品たる石器の存在から探ることができる。最古のものに近い石器が見つかる遺跡の年代がわかればよい。「どのくらい前のものなのか」を推定する各種の年代測定手段は格段に進歩し、正確になってきたから、頼りがいがある。それに、まぎれもない「真性石器」であり、悩ましい「石器もどき」や自然作用による「疑似石器」でないと判定する研究者の目も肥えてきた。

心すべきは、古い石器を古い地層に埋めたりする人間の邪《よこしま》な心を許さないことである。学問研究の世界では「性善説」は、かならずしも善ならず、である。

おそらくは、何万年も前に日本人は住み始めた。

日本列島で見つかる古い石器で確実なのは、更新世《こうしんせい》と呼ばれる地質年代（洪積世《こうせきせい》とも呼ばれていた）の終わり頃、後期旧石器時代（四〜三万年前以降）になってからのものである。いくつかの遺跡については、まだ議論が喧《かまびす》しいが、それよりも前、中期旧石器時代の頃の七〜六万年ほど前まで年代がさかのぼるかもしれない。もしかしたら、一〇万年近く前までさかのぼる可能性さえある。ともかく、旧石器時代にはすでに、日本列島に人間が存在していたのはまちがいない。

†どこから来たのか

それでは、はたしてどこから、どうやって来たのだろうか。これは案外、答えやすい問題かもしれない。さまざまなルートで来たのであろう、と解答するのがよい。いささか投げやり気味に思われるかもしれないが、もっとも無難だし、もっとも正鵠《せいこく》を射ている可能性が高い。東北アジア方面から北海道、朝鮮半島などの東アジア方面から本州域、さらには中国の華南方面から琉球諸島へと、旧石器時代人の来た道が考えやすい。

では、どうやって来たのか。これについては、陸づたいで歩いて、と答えるのが相場。ゾウ類やシカ類などの大型動物を追って狩猟しながら大勢で颯爽と、あるいはトボトボと散り散りに徐々にテリトリーを拡大しながら、日本列島にやって来たのだろう、と答えれば、当たらずとも遠からず。

　海の上は歩けないだろう、とのツッコミがあるやもしれぬが、陸路で来たのはまちがいない。今でこそ日本列島は島国であるが、遠い過去においては、いつもそうだったわけではない。更新世と呼ばれる最近の二〇〇万年あまりの間は実は、むしろ陸続きであったときのほうが長いかもしれない。

　ことに更新世の後半は、地球上は広く、氷河時代（氷期、寒冷時代）がくりかえした。この氷河時代、極圏や高山では氷床《ひょうしょう》や氷河が発達し、海水として海に循環しなかったから、海面が低下した。いわゆる「海退期《かいたいき》」が訪れた。日本列島周辺では、最大で一二〇メートルそこらも、海面が低下したと推定されている。その結果、ところにより大陸と陸続きか、それに近い状態となっていた。

　氷河時代の絶頂期は、くりかえし訪れ、ことに大きな海退期は、最後のものが今から二万年ほど前、その前が一〇万年近く前、さらにも五〇万年かそこらか前であった、とされる。そうした頃の日本列島には、ときに「北海道半島」や「本州半島」に近い地形が形成され、かぎりなく半島に近く飛び石状の大きめの島からなる琉球諸島などで構成されていた。東シナ海の沿岸沖に広がる大陸棚は、海退期には、大河の周囲に発達した大平野だったのである。つまり、足で歩くことが十分可能だったわけだ。ときには海水に足を浸けるか、川をジャンプして渡ることを余儀なくされたかもしれないが、ともかく、陸づたいでの移動であった。

となると、どこから来たのか、については、もう多くを語る必要はない。本州へは朝鮮半島経由で東アジア方面から、北海道へは北東アジア方面から、というのが考えやすいルートである。実際、詳細は割愛するが、石器の種類やタイポロジーからも、そうしたルートが指摘されている。

そこで問題となるのは、古くから柳田国男らが唱える「南の道」説である。はたまた、鈴木尚《ひさし》（東京大学——以下、研究者の所属は当時のもの）の唱えた「縄文人南方起源」説である。もちろん前者は「稲の道」と関わり、後者は縄文人の起源問題と関わるから、ここでは議論しないが、日本人のルーツを云々するときに避けて通れない仮説である。結論から申せば、このあと港川人《みなとがわじん》に触れるときに述べるが、旧石器時代の本州人の脈絡では深く立ち入らないのが無難だろう。ただ、琉球諸島の旧石器時代人の出自として、台湾、華南地方、東南アジアなどの地域は避けて通れない。

旧石器時代人は、日本列島のどの地域に多く住んでいたのだろうか。この問いには、多くを語る必要はない。あるいは多くを語れない。北海道から本州から九州、さらには琉球諸島（八重山諸島を含む）までの各地で、少なからぬ旧石器時代の遺跡が見つかることか

表1　日本列島人のタイムスケール（100m競走にたとえると）

年代	○○人（時代）	距離
約50000年前～	旧石器時代人（旧石器時代）	スタート（0m）
約13000年前～	縄文人（新石器時代）	74.0m
約2500年前～	倭人（弥生時代）	95.0m
1700年前～	倭人（古墳時代）	96.6m
1300年前～	中世日本人（奈良・平安時代）	97.4m
800年前～	中世日本人（鎌倉・室町時代）	98.4m
400年前～	近世日本人（江戸時代）	99.2m
150年前～	近代日本人（明治・大正期）	99.7m
70年前～	現代日本人（昭和・平成期）	ゴール（100m）

われわれがいだく時間に対する遠近感は、距離や広さに対するよりも、はるかに心もとない。日本人の歴史の流れを、あえて100メートル競走になぞらえると、教科書流の日本史が詳しく教えるのは、日本人の歴史全体（100メートル）の2.6メートル分でしかない。

ら、彼らの足跡が日本列島の広くに及んでいたことがわかる。実際、ずいぶん前の時点ですでに、日本列島の津々浦々、少なくとも五〇〇〇地点以上の場所で遺跡が確認されている。北海道経由あり、朝鮮半島経由あり、台湾方面経由ありと、北からも西からも南からも、人々がやって来たことを強く物語るわけだ。

たしかに、その遺跡の数は多かれども、もちろん、それらの規模は、みな小さい。それに、何万年もの長きにわたり、一〇〇メートル走にして七〇メートル分以上の長さに相当する旧石器時代を考えると、その頃の遺跡数は、まことに少なかったことになる。わずかな人間が細々と暮らしていたにすぎないのだ。この時代の終わり頃に列島全体で、せいぜい何千人かの規模。縄文時代が始まる頃でも、一万人かそこらの人口規模でしかなかったと考えるのが妥当だろう。まるで奇跡か僥倖《ぎょうこう》のようにしてしか、その時代の化石人骨は見つからないのだが、それが道理というものだろう。

どんな暮らしをしていたのだろうか。これについては、その筋の成書《せいしょ》に詳細はゆずりたい（たとえば稲田・佐藤［二〇一〇］など）。ひどく簡単に申せば、ごく少人数のグループ（血族や縁族からなるバンド）で遊動をくりかえしながら、離合集散し、もっぱら採集狩猟生活で暮らしていたのであろう。黒曜石《こくようせき》などを加工した精巧な石器類、あるいは木器《もっき》類などが生活道具。おそらくは、木の実や葉っぱ植物や小動物を日々の糧とし、成りゆきにより、ナウマンゾウやオオツノジカなどの大型哺乳類までをも食糧資源として利用したのではなかろうか。ただ、水産魚類はどうだっただろうか。あるいは、中国周口店《しゅうこうてん》遺跡の山頂《さんちょう》洞人《どうじん》のごとく、川を遡上するサケ類なども利用していたかもしれないが。

†どんな人々だったのか

はたして最古の日本人たる旧石器時代人とは、どんな人々だったのだろうか。どんな顔立ちや背格好をした人々だったのだろうか。ともかく、この問題に答えるには、今から二万年以上前の化石人骨を調べるほかない。

だが残念ながら、あるいは当然のことながら、旧石器時代の化石人骨が発見されることは非常に珍しい。まるで僥倖のように発見されるだけである。松浦秀治と近藤恵（お茶の水大学）は、これまでに報告された「旧石器時代人骨」を点検、集計しているが、日本列島全体でも合計二〇件あまりしかない。その多くは琉球諸島で見つかったものであり、本州域での発見例の少なさが際だつ。しかも、本州や九州などで報告されたものは、「いわく付き」が多く、信頼に足る年代が得られにくいか、小さなかけらのような骨しか残っていない例が少なくない。せいぜいのところ、唯一、静岡県浜北で見つかった「浜北人《はまきたじん》」だけが、確実な旧石器時代人であるとの市民権が認められる程度だ。

そんなこんなで、琉球諸島の化石人骨に注目が集まるのは仕方ない。そこはまさしく、日本列島旧石器時代の化石人骨の宝庫である。人類学関係の業界では一般に、遺跡名に「人」を付して、たとえば「浜北人」のように、人骨資料のことを「〇〇人《じん》」と称するのだが、ことに有名なのが「港川人《みなとがわじん》」である。

沖縄本島南端の八重瀬町《やえせちょう》（旧具志頭村《ぐしかみそん》）にある石灰岩の採石場（通称「港川フィッシャー」）で、一九七〇年、石灰岩の割れ目に落ちこんだようにして発見された化石人骨群のことである。日本列島で見つかった旧石器時代人化石のなかでは唯一、全身の骨が残り、顔立ちを復原できるほどに頭骨《とうこつ》がよく残存する。琉球列島は全体に石灰岩地帯であるため、一般に動物化石が残りやすいのであるが、それにしてもありがたい風土ではある。その恩恵で、遠き昔の旧石器時代人の人物像に関する知見を求めることができるのだ。

†よみがえる「港川人」

「港川人」は、おそらく九人分ほどの人骨を含む、と考えられている。そこからは、1号、2号、3号、4号人骨が識別できた。そのうち1号人骨と4号人骨とは、まるで神のおぼし召しのようなもの、僥倖のたまもので、ことのほか化石骨の保存状態がよい。しかも、前者は成人の男性骨で、後者は成人の女性骨であるから、当時の人々の等身大の人物像を描くに申し分ない。かたわらで見つかった炭化物等の年代測定により、ほぼ一万八〇〇〇年前の人たちの骨であることが確かめられている。かくして、旧石器時代人の面影がしかと、よみがえってくるわけだ。

「港川人」の身体特徴は、以下のようなものである。この化石人骨群を最初に精査した鈴木尚（東京大学）らによると、彼らの生前の身長は、成人の男性で一五三センチほど、成人の女性で一四四センチほどと推定でき、ともかく非常に背が低い。そのわりに四肢骨《ししこつ》は長め。頭骨は大きめだが、頭蓋骨《とうがいこつ》の厚みが現代人の二倍近くもあるため、脳を収める容積は一四〇〇立方センチばかりと現代日本人と変わらない。頭蓋骨のみならず、全身の骨も骨太の特徴を有する。

彼らの顔立ちは、なんとも特異ではある。大造りの寸詰まり顔。頬骨《きょうこつ》が強く外側に張り

図1　港川1号人骨の頭骨（東京大学総合研究博物館所蔵）

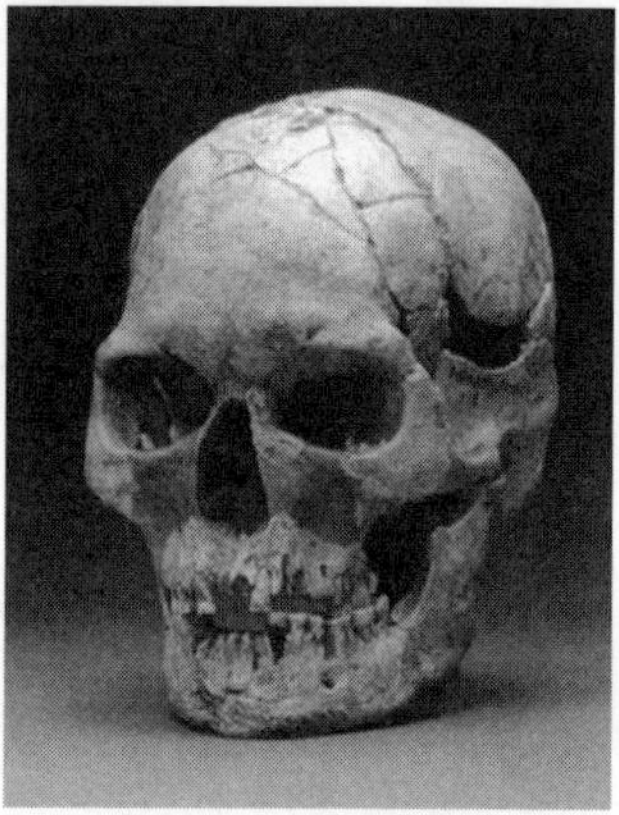

表2　港川1号人骨で探る旧石器時代人の肖像

生息年代	約1万8000年前
性別と死亡年齢	男性、熟年（40〜60歳）
顔立ち	低く広い顔、骨太の頭骨、細い鼻骨と広い鼻、頑丈な咀嚼筋
体形	低身長（推定身長155cm）、「頭でっかち尻つぼみ」
常食物	歯の咬耗が非常に強く、固くて硬い食べ物
特記事項	歯を道具として酷使したか

だす。だから顔幅が大きい。下顎《かがく》も幅広く、エラが発達する。眉部《びぶ》が大きく膨らみ、目もとが窪むから、横顔は案外、彫りが深い。鼻骨《びこつ》は小さいのだが、梨状口《りじょうこう》（骨鼻孔《こつびこう》）が大きいから生前の鼻は大きめだったのだろう。眼窩《がんか》は広く大きいので、眼は大きめだったろう。こめかみの部分が狭く、頬骨が張りだすのは、大きな側頭筋《そくとうきん》（咀嚼筋）があったからである。上下顎《じょうかがく》は大きめの直顎《ちょくがく》、歯が並ぶ歯槽が大きく、歯も全体に大きめであった。

強力な側頭筋を擁して、ハードで硬いタフな食べ物を常食していたのだろうか。歯の咬《こう》耗《もう》（食物を咀嚼《そしゃく》することによる歯の表面の磨り減り）は、ただごととは思えないほどに激しい。ほとんどの歯が根もと近くまで摩耗している。平たくではなく不規則に磨り減る歯もあり、なんらかの道具としても、歯を酷使していた痕跡がうかがえる。

こうした「港川人」の身体特徴について、いちばんの焦点となるのは、広く日本列島の旧石器時代人の特徴として一般化できるか否か、という難問である。当時の日本列島人の代表選手たりうるのか（鈴木尚説）、それとも琉球諸島だけに限定された人たちだったのか。この問題に関しては議論の分かれるところだが、鼻骨や眼窩の形などは、のちの本州縄文人と趣きを異にすることから、私自身は後者の立場に立ちたい。海部陽介《かいふようすけ》（国立科学博物館）らの「港川人」の復顔研究（二〇一〇）や高宮広土《たかみやひろと》（札幌大学）の琉球諸島旧石器時代人に関する仮説（二〇〇五）なども、後者の可能性を強く示唆する。

†日本列島の旧石器時代人の人物像

これまでに日本列島で発見された後期旧石器時代の化石人骨で、ある程度の身体特徴を推測できるのは、残念ながらまだ、「港川人」だけしかない。この人骨から、はたして、なにを語ることができようか。

この「港川人」を代表選手として、中国大陸にある同時代の地層から発見された化石人骨と比較することにより、華北の北京近郊の周口店遺跡で見つかった「山頂洞人」によりも、華南の柳州で見つかった「柳江人《りゅうこうじん》」のほうによく似ていると指摘されている。それゆえに、その当時の日本列島人は、中国南部、あるいは広く東南アジアの旧石器時代人グループと顔立ちや体形が類似し、系譜関係を同じくしたのだろうと想定されていた。その方面から移動してきた人々が移り住んできたのだろうというわけである。さらには、そうした日本列島の旧石器時代人が縄文人の祖先になったのだろうとの類推のもと、「縄文人南方起源説」なるものが定説のように言われてきた。

そのもとをたどれば、鈴木尚（東京大学）の「港川人」化石に関するオリジナルな研究にいきつく。まちがいなく「柳江人」化石に類似し、おおむね縄文人骨とも似ると考察したから、「柳江人」の流れをくむ人々が日本列島の旧石器時代人となり、それが「小進化」して縄文人となったのだろう、というわけである。かくして「縄文人南方起源説」が提唱されることになった。やがて、その仮説は、まるで定説であるかのごとく人口に膾炙《かいしゃ》した。おそらく、柳田国男が唱えた「南からの海上の道」理論、あるいは「椰子の実」理論にも同調する響きをもったからであろう。

その仮説に異論を唱えたのが海部陽介らの「港川人」に関する最近の研究である。「港川人」1号人骨の顔を画像的に復原しなおし、やや「柳江人」とは趣きを異にするとともに、だいぶ縄文人と顔立ちが異なることを指摘し、「港川人」的な顔立ちを縄文人の祖先と考える鈴木説に対する再考をうながした。ちなみに海部らは、何万年か前に東南アジアに広く分布していたグループ（現在のオーストラリア先住民やニューギニア高地人などの源流筋にあたる）に近いのではないかと、「港川人」のことを考えている。つまり、本州域の旧石器時代人とつながりがないのであろう、とするのである。

この海部らの新説は、たいへん説得力があるように思う。それに、縄文人骨についてミトコンドリアＤＮＡ（ｍｔＤＮＡ）型（ハプログループ）を分析した篠田謙一（国立科学博物館）らの結果ともうまく整合する。篠田らは、シベリア方面から北回りの「北海道半島」経由で広がってきたグループや、朝鮮半島から「本州半島」経由でやってきたグループなどが、のちの縄文人の根幹となったのではないか、と結論づけた。つまりは縄文人も単純な人々ではなく、けっこう複雑な成り立ちがあったというわけだ。かくして、「縄文人南方起源説」は再考されるべき時にきたことになる。

さらに、古地形を復元する研究からも、このことは傍証できよう。地球が寒冷化して、もっとも海退が進行した最終氷河期（まさに「港川人」の時代にあたる一万八〇〇〇年ほど前）の頃でも、琉球諸島と九州の最南部は大きな海域で隔てられており、その間を当時の人々が小舟で行き来するのは困難だったろう。それに加えて、後期旧石器の研究では、本州や北海道の石器文化と華北や沿海州あたりのそれとのつながりが強く示唆される。いずれにせよ、沖縄の更新世の地層からよみがえった「港川人」をもって、その当時の日本列島旧石器時代人の代表選手とみなすのは難しいようだ。

ともかく、いまのところはまだ、本州域では旧石器時代人の化石の発見例は皆無に近い。なにも具体的な人物像を描くに至らない。だが「証拠の欠如は欠如の証拠にあらず」。現実には非常に多くの後期旧石器時代の遺跡や石器類が見つかるのだから、日本列島に旧石器時代人が広く分布していたのはたしかである。考古遺跡や石器類は神様にも作れない。人間だけが製作者たりうる。いつの日か本州域でも、その時代の良好な人骨化石が発見されることを願ってやまない。

本州や北海道などで実証研究に耐えうる化石人骨が見つかる日までは、日本列島の旧石器時代人の人物像をあれこれと言ったり、彼らの身体特徴を細かく云々したりするのは我慢するのが賢明だろう。いずれにせよ、沖縄の「港川人」化石を金科玉条のようにして、つい最近まで定説のように考えられてきた「縄文人南方起源説」は、いまや、パラダイム・シフトをせまられているようだ。「最古の日本人はどこから来たのか」論議を楽しむワインは醸造しなおさねばならないし、新しい革袋を用意しなければならないようだ。

2　日本史の教科書から消えた「原人」たち

†おかしな「原人史観」

年配の方々のなかには、「明石《あかし》原人」の名前、あるいは「高森《たかもり》原人」や「葛生《くずう》原人」や「牛川《うしかわ》人」などの名称をご存じの方も少なくないだろう。あれらは、いったいなんだったのだろうか。そんな疑問をお持ちの方がおられまいか。

 戦後の五〇年あまりの間、一九五〇年の頃から二〇〇〇年までの間のことだが、おかしな歴史観のようなものが日本では流布していた。今から何十万年も前の前期旧石器時代と呼ばれる頃（およそ二〇万年前までの時代、後期旧石器時代の前の中期旧石器時代のさらに前の文化区分）から、すでに日本列島には人類が分布しており、中国大陸にいた北京《ペキン》原人のごときが存在していた、というわけだ。

そんな常識のようなものがあり、人類学や考古学関係の成書はもちろん、高校の日本史の教科書にも登場していたから、「明石原人」などの名前は、子供から大人まで多くの人の知るところとなっていた。実際には、どんな人類なのか、たいして知るわけではなく、「ひどく古い時代の人類」だとか、「ひどく原始的な人類」とかのイメージで語られていた。かつて一世を風靡した、漫画家の園山俊二が描く「ギャートルズ」のキャラクターを思いだしていただくとよいだろう。ともかく、「戦後の昭和」の匂い漂うがごとき「時流の申し子」だったかもしれない。

そんな漠然と曖昧なイメージではあるが、「原人」たちは「日本の誇るべき歴史の奥行きの深さ」を象徴し、敗戦にうちひしがれた日本人のアイデンティティをくすぐるような存在となりえたのであろう。戦後の日本史関係の出版物、さまざまな「歴史物」本に公然と登場していた。まるで、「戦前の神話」が否定されたとき、あらためてみずからのアイデンティティを探さねばならなくなった日本人にとっては「戦後の科学」の一大ヒーロー。新たなる主人公のようにして生まれた、と考えるのは、考えすぎであろうか。

もはや「神話」であってはならなくなった。「科学」の装いや匂いが必要であった。それを担うのが考古学であり、人類学であったのだろう。実際、人類学はともかく、考古学は戦後の復興期から絶頂期をすぎた頃まで、時代の寵児であり続けた。戦前の「神話史観」を説く国史学者に代わる存在として、戦後のムードをかつぐ考古学者の時代がやってきた。多くの大学で「雨後の筍《たけのこ》」のように考古学研究室が設立されたのである。ある時期、大新聞の一面やテレビのトップニュースでも考古学関係の報道がなされていた、と話すと、今の学生は怪訝《けげん》に思うようだが、そんな時期を象徴するのが「原人史観」だろう。

まさに戦前の神話史観を代替するように生まれ、二一世紀になるやいなや、あたふたと消えていった。「明石原人」こそ、「原人史観」の最大の産物である。どの民族でもたいてい、自分たちの歴史が古く遠くたどりうることを誇りに思う意識があるようだが、現代の日本人も例外でないのだろうか。

†消えた「明石原人」「高森原人」

初めて「明石原人」が登場したのは、敗戦後まもない一九四八年であった。ある人類学の大御所が書いた論文がきっかけである。さほど瞠目するような論文ではない。むしろ、気まぐれか思いつきに近いような代物であったのだが、それが瞬く間に世間の注目を浴びて、大きく報道された。その大御所の同業者たる私は寡聞《かぶん》にして、そのあたりの経緯を詳しくは知らない。

しばらくして、日本史の教科書の書き出しは、まるで定番のごとく、「明石原人」の名前が飾ったものだ。ただ、あくまでも名前だけなのであり、その中身については愛想のないことこのうえない記述であった、と記憶する。まあ、それはそれで仕方ないのだろう。

その実、まるで「幽霊の正体見たり枯れ尾花」を絵に描いたような虚像だったからだ。およそ一九八〇年代のなかばになって、やはり人類学の同業者たちの労力を傾けた検証研究の結果、その実体に疑いの眼が向けられるようになった。その後は、これまた幽霊が消えるように人知れず、教科書の改訂などとともに、その名前も消えていった。

この「明石原人」にまつわるエピソードは、多くの出版物で詳しく知ることができる。たとえば、春成秀爾《はるなりひでじ》(国立歴史民俗博物館)による『「明石原人」とは何であったか』(一九九四)などである。拙著『骨考古学と身体史観』(二〇一三)も頁を割いているので参照いただければありがたい。

そのほかにも「高森原人」、「葛生原人」や「牛川人」などの名前もまた、日本列島の旧石器時代を華やかに彩る化石人骨として、新聞や雑誌、人類学や考古学の専門書などをにぎわせたものだ。

「高森原人」については、二〇〇〇年一一月五日の『毎日新聞』のスクープ報道により驚天動地の大騒ぎとなった、旧石器遺跡捏造《ねつぞう》事件の産物だと判明した。多くの方はまだ、生々しい記憶として脳裡にとどめておられよう。「明石原人」とバトンタッチするように登場し、一〇年あまりの間、新聞やテレビ報道の寵児のごとくであったが、悪名だけを後に残し、幽霊よりも足早に消え去っていった。

それほどのゴシップ性があったわけではないが、「葛生原人」や「牛川人」もまた、戦後社会の闇に人知れず消えていった。前者は栃木県葛生で見つかったのだが、更新世《こうしんせい》にさかのぼる動物骨化石とともに出土したため、あるいは原人類の仲間の化石ではないか、ということで、そう名づけられた。まるで「原人ブーム」、あるいは「原人ごっこ」だ。だが、どの「人骨化石」も新しく、なんと一五世紀前後のものだと判明した。後者は愛知県豊橋市の石灰岩採石場で見つかったのだが、その微小にすぎる化石骨のかけらは更新世にはさかのぼるものの、「人骨でない可能性あり」と指摘されるやいなや、いっぺんに幻の化石人骨扱いとなり、虚空の彼方へ消えゆく運命をたどった。

ともかく、「明石原人」や「高森原人」、「葛生原人」や「牛川人」など、私自身が人類学を学んだ頃に慣れ親しんだ役者たちの名前は、次々と消えていった。そして最後に、誰も残らなかった。それが日本列島の旧石器時代の主人公にまつわる現実である。何十万年も前の「北京原人の時代」はまだ、日本人の歴史は空白であったこと、何万年か前の後期旧石器時代までしか日本人のルーツはたどれないこと、それも大きな日本列島にゴマ粒を撒いたほどしか人間がいなかったこと、それゆえに、その足跡をたどるのは至難であること、それが現実なのだ。

ことほどさように、旧石器時代の遺跡や化石人骨に関する研究は難しい。また同時に、ただ純朴な学術的営為であるはずなのに、いやおうなしに人間くさい雑音が絡む。国民の願望のようなものまでもが絡むのだ。だから話題性だけが一人歩きして、増幅されやすい。それもまた現実なのである。

†日本の旧石器時代人に関する真実

この章で述べてきた旧石器時代人について、まとめてみよう。

最古の日本人は、更新世の頃の氷河期（海退期）、おそらくは七～六万年ほど前の頃に陸地を歩いて、日本列島の地に渡ってきた。

日本列島の各地で旧石器時代の遺跡は多く見つかるが、「日本人の歴史」物語の主人公たる人間の骨の化石が発見される例はかなり珍しい。ひとえに、古いものほど化石が残りにくいため、そしてなによりも当時の人口が非常に小さかったため、人骨化石などが希少なのである。まあ、砂漠の真ん中で安全ピンを探しだすようなものかもしれない。

これまでに化石人骨が見つかったのは、ほとんどは琉球諸島においてである。本州域では、ほぼ皆無に近い。せいぜいのところ、静岡県の浜名湖近くで発見された「浜北人」が証拠として残る程度のもの。実際には、これらも人物像を云々できるほどには、ほど遠い資料である。

琉球諸島で発見された化石人骨のエースは、なんと言っても、沖縄本島の港川人骨化石（通称「港川人骨」、あるいは「港川人」）。当時の人々の実像を探るのに申し分ない資料である。実際、顔立ちや体形に関する多くのことが解明されている。生きかたや死にざまに関する事柄も、いくらかは推測されている。

しかしながら実際には、「港川人」で日本列島の旧石器時代人を代表させるのは難しいようだ。おそらくは琉球諸島に限定された人々だったようである。日本列島の全域にいた旧石器時代人について、その人物像などを、わずかでも知りうるには、今でもまだ、まだまだ早すぎるようだ。こうした文脈において、これまでの定番だった「縄文人南方起源説」は再考するときがきたようだ。日本人の始まりのときを論じるのに、ともかく重要な問題ではある。

戦後の五〇年あまりの間、まずは「明石原人」、その後はいわゆる「高森原人」などにより、日本列島にも何十万年も前の頃から原人類がいたとする仮説が、かつて流布していた。「原人ブーム」とも言えるような状況があった。敗戦後の日本社会の願望のようなものが、そうした古人類の存在を想像させる土壌となったようだが、ともかく日本列島に原人類などいなかったことはたしか。そんな古い時代から人間が存在したわけではない。

コラム1

骨考古学でなにがわかるか

骨考古学とは、考古学の遺跡で発掘される古人骨を資料にして、それらの遺跡を残した人々の人物像を具体的にリアルに復原するとともに、彼らの生活像を実証的に推測する研究分野である。もとより、古代の人々や各歴史時代の人々の人物像を復原するには唯一無二の研究方法であり、ほかに手段はない。

生活像についても、新しい研究のノウハウが次々に考案・開発され、従来の考古学の方法ではかなわなかった人々の生業活動、病気、一生、風習などに関する知見を実証的に解明できるようになってきた（表3）。

古人骨の研究は従来、「系譜論人類学」、つまりは、日本人なら日本人の来歴の解明に貢献すると考えられてきた。だが、各種の分析方法の発展もあり、現在では「生活論人類学」、すなわち往時の人々の生活像を明らかにしようという研究のほうが活発である。

骨考古学は、人類学と解剖学の方法で考古学の問題へのアプローチを試みる、非常に新しい分野である。イギリスでは一九六〇年代から、アメリカでは一九七〇年代の

表3　古人骨から解読できる事項

1	性別（各骨の性差）
2	死亡年齢（骨年齢および歯年齢）
3	顔かたち（頭蓋骨の特徴）
4	身長、体格、プロポーション（各体肢骨の計測）
5	日常的生活活動、特殊労働、習慣的姿勢など（生活痕）
6	骨折歴（骨折痕）
7	整形外科的骨疾患（関節周辺の変形など）
8	代謝疾患、感染性疾患、先天性疾患など（各種疾病痕）
9	老人科関係の骨疾患（骨粗鬆症、骨棘形成、骨萎縮など）
10	歯科疾患（病歯痕）
11	歯牙の特殊使用（異常咬耗）
12	発育不全、栄養失調歴（エナメル質減形成、ハリス線など）
13	骨受傷歴（切創、刺創、斬創などの痕跡、刺入痕など）
14	死傷痕の態様、あるいは死因（死亡前後の受傷痕）
15	食物内容と調理方法（徴咬耗痕、咬耗度など）
16	蛋白質の摂取源（安定同位体分析、微量元素分析）
17	産児歴（妊娠痕あるいは出産痕）
18	利き腕（肩関節など）、ABO 式血液型（熱解離試験）
19	埋葬風習や埋葬儀礼（骨格の配置、受焼の有無など）
20	頭蓋変形や抜歯など身体加工風習（事例比較）
21	生存年代（AMS 放射性炭素年代測定）
22	個体間の血縁関係（歯の形態の類似性、mtDNA 型分析など）
23	集団間の類似性（形態小変異の分析など）
24	平均寿命など人口学的な指標（死亡年齢の分析など）
25	個人識別？（骨折歴、歯の治療痕、mtDNA 型分析）

頃から盛んとなったが、日本では一九九〇年代に入って、ようやく盛んとなった。

ちなみに、イギリス圏では Osteo-archaeology、アメリカ圏では Bio-archaeology と称されるが、「骨考古学」は前者の直訳である（片山、一九九〇＝一九九九、二〇〇二）。

第2章 縄文人

1 縄文人のルーツ

†縄文人の物語

旧石器時代の次は新石器時代、すなわち縄文時代である。この時代の日本では土器文化が盛んで、さまざまな紋様を表面に施された土器が作られ、なかでも縄目の紋様を付けられた縄文（縄紋）土器が注目されることとなり、縄文時代と呼びならわされるようになった。だから、その時代の人々を縄文人と呼ぶ。

日本列島では、今から一万五〇〇〇年ないし一万三〇〇〇年前の頃から、弥生《やよい》時代に移行する二五〇〇年前のあたりまで、一万年以上もの永きにわたり、縄文時代が続いた。むろん、それほどまでに長い時間だから、人間の一生とかなんとか、そんなタイムスパンで云々できるような話ではない。だから、いささかの物語性を帯びた隙間だらけの話になるのは仕方あるまい。まだ人口はまばら、圧倒的な自然のなか、たかが人間というべき存在でしかなかったかもしれないが、されど縄文人、個性あふれるユニークな人々がいた。彼らは日本列島の各地で跋扈《ばっこ》していた。それが縄文人なのだ。

すでに、縄文文化なる生活体系をもっていた。熊や猿などに数の上で劣ろうとも、自立的に日々の暮らしを設計し、したたかに四季折々の自然を利用する経済活動を展開することで、他の動物の追随を許さない存在となっていた。

縄文人とは、どんな人々であったのだろうか。どんな暮らしに明け暮れていたのであろうか。どんな文化を育み、どんな社会を営んでいたのだろうか。どんな生きかた死にざまを送っていたのだろうか。彼らの等身大の姿を追っていくことで、彼らの詩と真実のようなものを表現してみたい。

今の人間と違い、もちろん、おごりに満ちた存在でなかったが、けっして、自然の猛々しさ荒々しさに身をまかす従順素朴なだけの生活でもなかったろう。まずは、当時の日本列島の景観に触れながら、縄文人の舞台背景を描写してみたい。

†縄文列島の景観

今からおよそ一万年前の頃には、いわゆる氷河時代（海退《かいたい》時代）は終焉を迎えていた。地球規模で温暖化が始まっていた。そのため、海面が上昇する海進《かいしん》現象が進行した（縄文海進）。日本の近海は、ところにより、その前の旧石器時代の頃よりも一〇〇メートル以上も海面が上昇した。それまで大陸と陸続きであった日本列島のまわりは、ヒタヒタと海水が押し寄せ、やがて大陸世界と隔絶することとなった。ことに日本海側は海流すらもが通る地勢情景が生まれ、それまでの様相とは一変した。かくして、縄文人の時代には、現在と同じ姿をした日本列島になっていた。あえて「縄文列島」と呼ぶことにしよう。

その成りゆき、縄文列島の景観と風土は、旧石器時代とは大いに変わった。山あり谷ありの起伏に富む地形条件と、南北に長く伸びる地理的条件とがあいまって、大陸とつながっていた頃とは比較にならないほど、自然や気候条件が複雑となった。日本海の深くにも暖流が及ぶようになったから、こと沿岸域には暖地性の照葉樹林帯が北上した。そもそもの肥沃な土壌条件のたまもの、近隣には類を見ないほど恵まれた植物相や動物相が繁茂するところとなったはずだ（安田、一九八〇）。

かくして、日本列島は縄文時代となり、温暖な気候帯が北方にスライドし、季節風が四季のメリハリを鮮明にし、暖流寒流が沖合でせめぎ合うことになったので、陸上の植物資源と動物資源、海産資源もみな、北方系のものと南方系のものとが交差することとなった。その結果、あえて「縄文列島」と呼ぶべき豊穣な生態条件が生まれ、独特の風土が広がることになった。

†慎ましき「なんでも屋」

いきおい人々の暮らしも多様なありかたが可能となった。山の幸、陸の幸はもちろん、海の幸までもが、人間の食生活のレパートリーに組みこまれた。食用資源が身近なところに、さまざまな形でふんだんにある。だから人々は生きていく糧を探すのに、さほど頓着しない。身を粉にしなくともよい。けっこうな境遇ではあろう。あとは生活装置の問題だけだ。

もちろん、ただぼんやりと暮らすだけでは、指をくわえて見ているだけである。そんなに自然は甘くないから、それなりの生活の仕掛けを創意工夫する生活戦略が必要となる。「必要は発明の母」。まわりにアレヤコレヤと利用できる物があれば、それらを集め、取り、摑みとる知識と知恵が発達し、さらに効率よく効果的に利用する装置が発明される、というわけだ。

ドングリやクリなど堅果類、各種の根菜類などを利用するには、あく抜きの知恵と技術、煮炊きの技術。たやすく多彩な草本類を利用するには、園芸栽培の知識と手入れの術。動物を手に入れるためには、その行動を予知した狩猟のテクニック。海産動物を利用するためには、魚貝類の生態を熟知し、それらを漁撈《ぎょろう》する仕掛け。あるいは、石器や木器や土器を製作加工する知恵と技術。それらの材料の原産地に関する物知り。そして、それらをあちこちに持ち運ぶためのネットワークの仕組み、などなど。ともかく、縄文列島の豊かな天然資源を効率的に利用する生活手段の総体こそが縄文文化なのである。まさに「なんでも屋」の生活戦略と申してよいだろう。

図2　縄文人のイメージ

その言葉が喚起するほどに貪欲なイメージは必要ない。「足るを知る者は富む」（老子）の知恵で生きていたようだ。というか、当時の人口規模では、人々の欲を戒めるまでもなかった。縄文時代の人口は、その絶頂期でも、せいぜいのところ二〇万人の規模（表4）。北海道から九州までの広がりに、それればかりの人間しかいなかったわけだ。およそ五〇〇〇年前の世界人

表4　日本列島における人口増加

時代	人口	出典
旧石器時代（終末）	約5千人*	小山（私信）
縄文（早期）	約2万人*	小山（1984）
縄文（中期）	約26万人*	同上
縄文（後期）	約16万人*	同上
弥生（中期）	約60万人*	同上
弥生（末期）	約220万人*	同上
中世（750年）	559万人	沢田（1927）
中世（900年）	643万人	岡崎（1986）
中世（1150年）	692万人	同上
近世（1600年）	1,227万人	同上
明治6（1873年）	3,330万人	鬼頭（2000）
大正9（1920年）	5,596万人	同上
昭和25（1950年）	8,390万人	同上
平成7（1995年）	12,557万人	同上

*「フェルミの推定法」によるような推定値（たとえば「日本に猫は何匹いるか」を計算するような方法）。

日本列島の人口は、弥生時代後半、江戸時代前期、明治期に急増した。これらの時期に日本人の社会が大きく変革したことを物語る。

口は一〇〇〇万人ほどで、西欧産業革命時のそれの一〇〇分の一と言われているから、明治初期人口の二〇〇分の一程度だった縄文列島は、とくに人口密度が高いわけではなかった。

つまり人間の数は、山や森の哺乳類、猿や鹿や猪や熊よりも、はるかに少なかったわけだ。だから実際、人間の姿は野山の樹木の間に見え隠れし、ときどき海辺の風景のなかに映る程度。そんな存在でしかなかった。そんなわけで縄文人は、なんとも慎ましき「なんでも屋」。まわりの自然に対して、およそ「おごり」にも似た感情などいだかぬ日常生活を送っていたはずだ。

†土器の発明

縄文人の発明品は数々あるが、その最たるものが土器であろう。作家の司馬遼太郎が

「土器は第二の胃袋の役割を果たした」と書いているが、まさに言い得て妙である。土器の効用は数え知れない。まずは煮炊き道具としての効用。鍋釜の役割を果たした。水とともに加熱すると、まるで錬金術のようなもので、硬いとか、えぐいとか、有毒だとかの理由で生食できなかった植物が食えるようになる。食物のレパートリーは爆発的に増加したに違いない。

水やドングリや雑食物や酒類などを貯蔵し運搬するコンテナーとしての効用も大きかったろう。移動するときはもちろんだが、定住するにおいても欠かせない。さらには、儀礼や祭祀の小道具としても重宝されたことだろう。火焔土器などは装飾もあざやか、色もあざやか、世界のどこの土器類にも比類なきほどの派手さだ。人面土器や土偶《どぐう》類などは、なんとも怪しげで、まがまがしい趣きだ。八百万《やおよろず》の神々と交感する重要な役割を果たしたのはまちがいない。あるいは、隣り合う村などで呪術や芸術を競ったかもしれない。

さらに土器は、死者を埋葬する骨壺としても、ときに供された。共同体内、あるいは共同体間でやりとりする交換財としても使われた。人間と人間、村と村をつなぐコミュニケーションの手段としての役割も果たしたわけだ。

ことほどさように、定住生活を始めるきっかけは、土器が発明され、実用に供され、便利物として効用を発揮することになった帰結のように生まれたのかもしれない。大きな家を掘っ立てて、そこに大小の実用不用を問わない土器や木器を並べれば、まさに「人間の栖《すみか》」の風情となる。

土器のほかにも、漁撈具や小舟の類など、海で活動する物も発明された。もちろん、それまでにも海に足を浸け、海と親しむことがなかったわけではあるまいが、ある意図をもって海に出ることができるようになった意味は大きかろう。なにしろ、海が食糧の宝庫であることを発見し、魚貝類の生態、それらの捕獲法、海の気象条件、新たなる移動運搬法などに通暁することになったのだから。

†縄文人はどこから来たのか

はたして縄文人は、どこにルーツがあったのだろうか。どこからか日本列島に来たのだろうか。それとも、日本列島で育まれたのだろうか。

彼らの系譜や起源をめぐる論争は、明治の頃より喧《かまびす》しい。一九四〇年代の頃までは、「日本石器時代人」と呼ばれ、のちの日本人とは系譜を異にし、後者が前者に置きかわったか、両者は混血したのだ、と考えるのが定番だった。最初の頃は、アイヌの説話に登場する「コロボックル」こそ、「石器時代人」(つまりは縄文人)の正体だったとか、いや、アイヌそのものがそうだったとか、どちらとも違う別のグループだったとか。ともかく大論争となっていた。

こうした起源論争は、たいして本質的な問題ではなかったのかもしれない。そもそも、いつも不毛な論争になりやすかったようだ。なんら決定打のようなものがなく、今日に至ったらしい。いささかなりとも論理的に考えるなら、旧石器時代人が縄文人に変わり、新石器時代に続いたのだろう、と考えるのが理にかなう。縄文列島に大勢の人間が押し寄せてきたなどとは考えにくい。もしそうなら、島国となったわけだから、かなりの渡海手段を想定しなければならない。だが当時、そんな技術があったとは、とうてい思えない。

長崎県佐世保市にある福井洞窟は、およそ一万三〇〇〇年前の層位から日本最古の土器が発見されたことで知られる遺跡である。ここでは、さらに下の層から、旧石器時代の人々が生活の場としていたことを示す炉跡や石器製作場も見つかっている。日本列島において、旧石器時代から縄文時代にかけて、人間の系譜が連綿としたことを物語る有力な証拠たりえよう。

縄文人については、かねてより南方起源説が非常に有力な仮説とみなされてきた。そもそもは暗黙のうちになんとなく。さらに一九八〇年代の頃からは、「港川人」と縄文人との類似性を根拠に、定説のようになっていた。先に述べたとおり、「港川人」の相貌を再検討した海部陽介らの研究や、縄文人骨についてミトコンドリアDNA（mtDNA）型を分析した篠田謙一らの研究により、その定説を再考する気運が生まれた。実際、篠田（二〇〇七）は、縄文人骨のｍｔＤＮＡに、朝鮮半島、中国の東北部、中央アジアなどに由来するとおぼしき型（ハプログループ）が多く見出されることから、かなり複雑な歴史の帰結として縄文人が誕生した可能性を指摘する。

ことに北海道の縄文人骨については、大陸側の沿海州の先住民で多く見られるハプログループ、まれにはアメリカ先住民と共通するものさえ存在することが明らかにされている。つまり、縄文人の系譜を東南アジア方面にたどる仮説は、もはや了解事項ではない。そうなると、埴原和郎《はにはらかずろう》（東京大学）の「日本人二重構造論」なる仮説も雲ゆきが怪しくなる。日本人の基層をなすのは縄文人であり、それが南方に起源したことを前提とするから、その根底が崩れ、当然、再考を余儀なくされるわけだ。

いずれにせよ、縄文人が旧石器時代人の系譜に連なるのはまちがいない。その旧石器時代人だが、なかでも本州域や北海道の人々は、そもそもは特定の地域から来たのではなく、広く東アジアの大陸部から「吹きだまり」のようにして集まってきた可能性が高かろう。その人々が混和融合、豊かな自然に恵まれた縄文列島に適応した結果、一種独特のユニークな顔立ちと体形を特徴とする縄文人が生まれた。そんな彼らが縄文文化を育んだ。そんな物語が描けまいか。

2　古人骨から復原する縄文人

†ありがたき哉《かな》、貝塚遺跡

縄文人の詩と真実を明かす上で、日本列島の各地に散らばる貝塚遺跡はありがたき哉、縄文人の痕跡を守護する神々のおぼし召しのようである。そもそも貝塚は、当時の海岸線沿いに分布していたのだが、今の海岸線からは奥まったところ、一段と高い丘のような場所にある。一般に縄文時代のなかばから後期にかけて、気候が温暖化し、海進現象が進行していたためである。

ことほどさように貝塚は、海岸段丘のような場所にあるから海砂に覆われる。そこに人為的に集めた貝殻類が多く堆積している。だから、炭酸カルシウム分などが優勢であり、土壌の酸性度が弱い。これは骨類を残存させるに、まことに優しい条件となる。それゆえに人骨や動物骨などは悠久の時間の荒波に耐え、すこぶる保存状態が芳《かんば》しい。ときにまれに見るほどによく残る埋葬骨さえあり、出土する人骨の数は膨大な数にのぼる。だから後のどの時代の人々にもまして、縄文人については、多くのことを知りうる。人口は希薄だったのに、大量の亡きがらが残るわけで、あちこちの博物館などで、どの時代の人骨よりも「誇らしげな顔」をして、その存在が目立つゆえんでもある。

どの貝塚も、けっこう広い。緩やかな勾配の丘をなすから、海の眺めもよい。貝塚のもつ「ゴミ捨て場」のイメージとは、ほど遠い立地にある。公園として整備されるにもよい場所が多いわけだ。もちろん貝塚は、たんなるゴミ捨て場ではなかった。当時の集落の中心をなす生活空間であり、儀礼の場となる集会場であり、死者を葬る墓所でもあった。多機能的空間だった。もちろん、食べかすや生活廃棄物が多く捨てられてはいるが、土偶や人面土器のような珍しい物や怪しげな物が、わざわざ壊されたような状態で見つかる。

ともかく、青森県の三内丸山《さんないまるやま》遺跡などで見るように、ムラの中心部。八百万の神々を祀る儀礼の場。死者を他界に導くところ。当のムラや遠く離れた村々から人々が寄り集まり、ハレのときなどに交歓するところ。さらに、まわりに園芸農耕を営む土地が広がるように四囲を睥睨《へいげい》するがごときところ。ともかく貝塚とは、そんな場所なのだ。縄文人のユニークな世界観が反映されており、彼らの謎めいた心象風景を垣間見ることができる。

貝塚遺跡は日本列島の津々浦々にある。分布密度の高い地域と、そうでない地域とがあるが、一般に太平洋側に多く分布。東日本に多く西日本に少ない東高西低型の傾向がうかがえる。北から順に、北海道の噴火湾沿岸、東北の三陸海岸、関東平野、愛知県の湾岸地域、琵琶湖の南西岸、瀬戸内海岸、九州の有明沿岸などで密度が高い。ことに三陸海岸や関東平野や東海地方などには、密集する地域があり、ときにより、ところにより人口が集中していたことを物語る。

ともかく、貝塚遺跡では、縄文人の生々しい実像をのぞき、彼らの暮らしぶりを身近に感じることができる。彼らの精神世界をうかがうこともできる。まるで縄文時代の人々、彼らの生活、文化、社会をのぞく鏡のようであり、彼らが残してくれたタイムカプセルのようなものである。

†よみがえる縄文人たち

動物骨《どうぶつこつ》の保存条件がすこぶるよい貝塚遺跡のたまもの、じつに大量の縄文人骨が見つかっている。それも全国各地で出土。あるいは一万人分ものオーダーで見つかっているかもしれない。それに全身の骨が保存よく残る場合が多い。貝殻のカルシウム分などが骨の構造物（骨梁《こつりょう》と呼ばれる）に沈着しているから、より質感があり堅牢で重量感を伴い、なんとも言えない心地よい手触りである。

ともかく、貝塚に設《しつら》えられた墓域《ぼいき》（墓所）には、資料価値が高い古人骨がゴロゴロと眠る。現代の発掘調査により、三〇〇〇年もの時を超えて、等身大の姿で縄文人が容易によみがえってくる。彼らがいだいた他界観念や心象風景までをものぞき見ることができる。慎ましくも厳かな神聖な場所なのだ。

たとえば愛知県の渥美《あつみ》半島に散らばる多くの貝塚だが、ここで出土する人骨群は、縄文人の生と死の現実をたっぷりと教えてくれる。死者の埋葬には定型的な形があった。基本的は「直埋葬《じかまいそう》」（遺体を直《じか》に埋める一次埋葬）だった。死後、時間をおかず、まだ肉づきの遺体の状態で埋葬した。それに、腰と膝のところで下肢を強く折り曲げた「屈葬《くっそう》」の姿勢で埋葬した。股関節と膝関節は不自然なほどに強く折り曲げられており、あるいは、腰と膝を覆う靭帯や腱を切り外すなどして、遺体をコンパクトな状態で土壙《どこう》に押しこむように埋葬したのであろう。

古今東西、屈葬例は多くない。むしろ珍しい。死者に無理な姿勢を強いるという負い目があるのだろうか。日本列島でも、次の弥生時代以降になると、直埋葬の場合、遺体の四肢を伸ばしたままで葬る「伸展葬《しんてんそう》」が普通となる。

では縄文人はなぜ、死者を屈葬にしたのだろうか。諸説ふんぷん。考古学者はさまざまに論じる。たとえば、死者がゾンビのようによみがえって、悪さをしないようにするため、だとか。子宮回帰を願って、だとか。なんらかの宗教的意味があったのだろう、とか。私自身は、考古学関係の人たちから「おまえは縄文人の美学を知らない」などと叱られながら、もっと単純な解釈をしている。要するに、遺体をコンパクトにすることに意味があったのではなかろうか、と。なにしろ、石器だけで固い土を大きく素掘りするのは、たいへん難儀な作業である。だから省エネのためだったのではないか、と。いずれにしても、縄文人に直接たずねるほかない。

縄文人の死者がすべて、死後すぐに直埋葬され、屈葬姿勢で埋められたわけではない。それが定型だが、身体を伸ばしたままの「伸展葬」が多い地域もある。どこかで晒した骨を埋葬する「改葬」（再葬、あるいは二次埋葬）の例もある。それに乳幼少児（五歳くらいまでか）は、まったく別の方法、たとえば、大きめの土器に遺体や骨を納める「土器《どき》棺葬《かんそう》」に付された。今と違い小さい子供は、ある一定の年頃になるまでは人格のようなものが十分に認められていなかったから、大人とは別の原理で埋葬されたのではないだろうか。ともあれ、貝塚での死者の埋葬法を調べることで、縄文人の他界観や人間観、ひいては宗教心のようなものを具体的に知ることができる。

まとめると、縄文時代の死者の弔いかたはシンプルそのもの。普通は貝塚の土を掘っただけの土壙墓《どこうぼ》に屈葬姿勢で埋葬された。副葬品も素朴な物ばかり、せいぜい貝輪《かいわ》、犬の歯、動物骨などの加工品が副《そ》えられる程度であった。

†縄文人の骨相・人相を探る

それでは縄文時代の人々、縄文人とはいったい、どんなタイプの人たちだったのだろうか。どんな顔立ちや体形を特徴としていたのだろうか。

すでに述べたように、縄文人の素顔を探るべく古人骨資料には事欠かない。日本列島の各地で死後の眠りをさまたげられ、すでに発掘された一万人規模にのぼる人骨は、ことに貝塚や洞窟遺跡のものは保存状態が芳しい。だから詳細な調査や分析が可能である。世界の石器時代人のなかでも、いちばん詳しく調べられている人々ではないだろうか。

それにユニークな骨相を誇る人々だったから、のちの日本列島の人々と比べることにより、多くの特徴が浮き彫りにできる。ともかく異形《いぎょう》の人々だった。頭骨《とうこつ》のてっぺんから足《そっ》骨《こつ》にいたるまで、たくさんの特異性を指摘できる。

まず骨格が全体に骨太で頑丈であり、ことに下肢の走行筋、咀嚼筋《そしゃくきん》などの筋肉群の付着部がよく発達していたことは特筆に値する。こうした特徴だけで、少しでも古人骨を見なれた人なら、中世や江戸時代にかけての人骨や、現代日本人の骨とは容易に区別できるだろう。大腿骨なら大腿骨、上腕骨なら上腕骨などの下肢や上肢の骨は、むしろ小さめでコンパクトな印象が強いが、その重量感は、なんとも言えないほど頼もしい。頭骨は、さながら鬼瓦の風情である。
頭顔骨《とうがんこつ》も独特である。自己を主張するがごとき寸詰まりの大顔もさることながら、もっとも特徴的なのが、きわめて大きくて、強くカーブを描き、前に突き出る鼻骨《びこつ》。それとともに、強くエラの部分が発達し、全体に厚く大きく、頑丈さを絵に描いたがごとき下顎骨《かがくこつ》である。かなりの「鼻骨顔」である。「あご骨顔」である。縄文人頭骨における、この両骨は、まさに刮目《かつもく》に値する。いわば、縄文人骨における「鼻骨と下顎骨の法則」と申してよいほどだ。

図3　縄文人の頭骨（林ヶ峰貝塚出土、愛知県南知多町教育委員会所蔵）

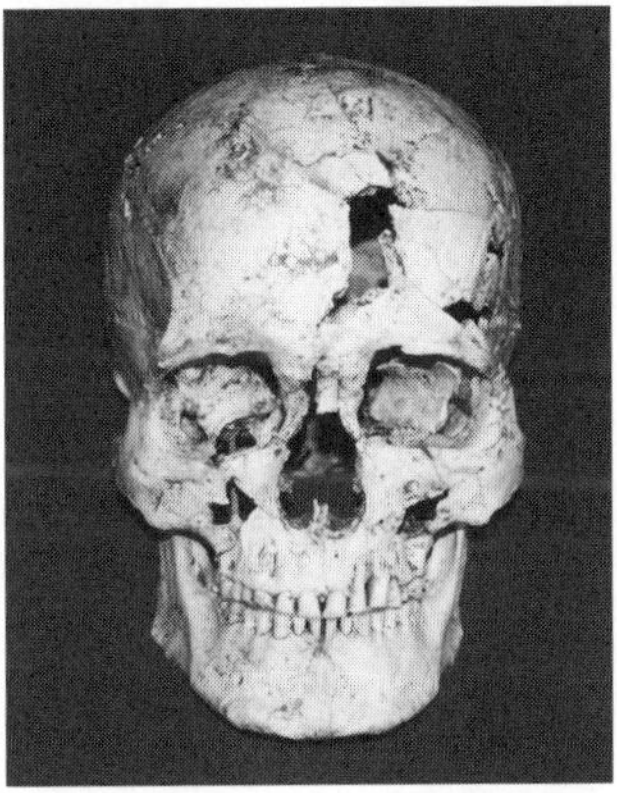

表5　ある縄文人の肖像（上の写真とは別人）

埋葬法	横臥屈葬の土壙墓
性別と死亡年齢	男性、壮年の後半(30〜40歳)
顔立ち	大きな鼻骨、エラの張る下顎骨、低顔、彫りの深い横顔
体形	身長155〜156cm、骨太で筋肉質、低身長のわりに脚長
風習抜歯	上下顎の犬歯4本を抜歯
特記事項	咬耗強く左側下顎歯は過咬耗（皮なめしなどで酷使）
常食物	海産魚介類、石臼で加工した堅果類や根菜類など
労働	漁撈活動、野山での採集狩猟活動
身体習慣	右利き、蹲踞の姿勢を常用

なぜ縄文人の骨格は、かくもユニークなのか。たしかなことは、「氏」の問題ではない。「育ち」の問題なのだ。なにも特別な系譜に連なるからではない。彼ら独特のユニークな生活活動と生活基盤、つまりは生活の総体にこそ理由がある。だが、その理由を具体的に明確に説明するのは難問である。要するに「身体現象」なのである。

大げさな話ではなく、さまざまな時代の世界各地の古人骨、ことに頭骨を目の前に並べられて、即座に「これが縄文人でございい」と答えられる日本人の骨考古学者は少なくないだろう。「鼻骨と下顎骨の法則」および「骨量《こつりょう》に富む寸詰まりの大顔」を見分ければよい。さらに抜歯痕や歯並びを見れば、完璧である。

†縄文人の身体——顔型と体形

私自身は完全に与するわけではないのだが、身体こそ、人間のグループを分かつ「可視的媒体」であると考える言説がある。たとえば、眞嶋亜有《まじまあゆ》『「肌色」の憂鬱』(二〇一四)を参照されたい。縄文人の存在を身近に感じるため、あとの章で、のちの日本人と縄文人との連続性と断絶性を論じるために、縄文人の身体、ことに顔立ちと体形とを明らかにし、彼らの等身大の人物像を描写しておこう。

もちろん骨格から推理できない身体特徴、たとえば皮膚色や目の色、頭髪や眉毛や髭の性状、耳たぶの大きさと形、唇の厚さだとか瞼の様子（一重か二重か）などについては、なにも申せない。それに女性の乳房やお尻の大きさ、土偶《どぐう》に表現される黥面文身《げいめんぶんしん》や彫り物のことなどについても、なにも申せない。よく博物館などで見かける復顔像《ふくがん》には、そんなことまでがあたり前のように表現されているのだが、それらは一種の想像の産物でしかない。なんらかのイデオロギーないし、思いこみ、みなしの思考がこめられている。あまり信を置かないほうがよい。

いわゆる「骨屋《ほねや》」、古人骨研究を専門とする人類学徒なら、骨格を調べて顔立ちや体形を思い描くのは、さほどの難事ではない。それに縄文人などの古代人ならば、頬の肉が垂れたり、腹まわりが弛《たる》んだりした人がいたとは考えにくいので、より客体的に身体像を復原することができるのだ。だからこそ、たとえ生身の縄文人を目にすることはかなわずとも、彼らの人物像を具体的なイメージで表すのは、ずいぶん、たやすいことなのだ。

縄文人の村々では、短軀、下半身型のがっしりとした体形、大顔で大頭のユニークな顔立ちをした人々が多く暮らしていたようだ。言うならば「豆タンク」型。そんな身体表現がピッタリとするような人々なのである。

以下の段、いかにも目撃してきたような話をすることを許されたい。でも、与太話の類の話では、もちろんない。

先に述べたように、ともかく縄文人は鼻と顎が特徴的であった。鼻筋の通る出鼻大鼻、エラの張る受け口気味の下顎が二大ポイント。それに加えて、とても寸の詰まった彫りの深い横顔だから、おもわずジロジロとのぞきこみたくなるような顔。そんな「縄文顔」の人を現代日本人のなかで探しだすのは容易ではない。眉間が盛り上がり、目もとが凹《くぼ》む奥目で、鼻が高くそびえるから、とても顔の彫りが深いのである。後頭部が「絶壁頭」をなす者はおらず、たいていは「才槌頭《さいづちあたま》」。額の円くて広い「おでこ顔」は女性でも少なかった。ともかくユニークな顔立ちである。

平均身長は成人男性で一五八センチほど、女性では一四五センチほどしかなかったから、成人男性の九五%ほどの者は、身の丈が一五〇〜一六六センチの範囲に収まる勘定だ。今の中学生ほどの身長である。ただ、長い日本人の歴史で見ると、実は驚くにはあたらない。おおむね江戸時代の町民の身長と同じほどである。ともかく日本人の歴史では、いつも平均身長は、男性で一六〇センチ内外だった。現代日本人の一七二センチなどというのは型破りである。そのほか、倭人の頃の古墳時代、奈良県周辺の大型古墳の被葬者が一六五センチを超えるほどあったようだが、これも例外的、これについての理由は定かでない。

ところが縄文人は、身長が低いわりに、脚や腕が長めの体形であった。脚の長さの身長に対する比率は五二%ほどと、最近の日本人と変わらないが、ほかの時代の値（おおむね五〇％を超える程度）に比べると大きい。つまり、さほど「胴長短脚」ではなかった。

実は多くの日本人が気にするほどには、最近の日本人の脚は短くない。たしかに、アフリカ人やオーストラリア先住民などと比べると目立つほどに短いが、西欧人よりいくぶん短いだけ、さほど遜色ない。ここ七〇年ほどの間に、日本人の身長は大いに増加したが、その理由は股下が大幅に長くなり、ことに脛《すね》（下腿《かたい》）部分が長くなったためである。むしろ顔などは小さくなった。顔と頭の部分の長さの身長に対するプロポーションは「頭身」なる言葉で表すが、現代日本人の平均は七頭身あまり、縄文人では六頭身ほどだった。ちなみに「胴長短足」という言葉があるが、正確には「胴長短脚」である。なぜならば、「足」の短さではなく、「脚」の短さを表現する言いまわしだからだ。

縄文人は、肩幅は細めながら、腰まわりは大きめだった。それに下肢の筋肉（ことに走行筋）が発達していたから、かなり均整が取れ、まるでクロスカントリーの選手のような体形だったようだ。現代人に比べたら、女性のほうも筋肉質、ことに下半身が頑丈そうに映ったことだろう。

縄文人のユニークな特徴

細かな身体パーツについても、縄文人のユニークさを物語る特徴を挙げるには枚挙にいとまがない。

たとえば、私自身も三〇年ほど前に調べていた外耳道骨腫《がいじどうこつしゅ》。これは耳の穴のまわりにある鼓室板《こしつばん》の一部が瘤《こぶ》のように膨らむ現象である。「骨腫」などと聞くと、おどろおどろしい響きがするであろうが、実は病気の類ではない。良性の骨変化、骨の膨らみである。もちろん、耳の穴が塞がるほどに発達すると、その奥の中耳に耳垢などがたまり、中耳炎などを起こしやすくするであろう。現代人骨ではもちろん、古人骨でも、まれにしか見られない変化である。

実は現代人の間でも見られる。知る人ぞ知る。もう四半世紀も前のことだろうか、サーフィンやダイビングや水泳に明け暮れる若者たちの間で多発することが知られ、世界の各地で新聞などをにぎわしたものが外耳道骨腫なのである。ちなみに、その当時は「サーファー耳」と呼ばれた。よく調べると、素潜りを専門とする海女《あま》さんや海士《あま》さんの間でも、ただならぬ高頻度で出現することが、それまでに報告されていた。言うならば「あまちゃん耳」でもあったのだ。これらはみな、同じ性格のもの。同じ成因によるもの。耳に水がたまるなどして、それが蒸発、外耳道が冷却刺激を受けることにより、鼓室板が完成する青年期に生じるのである。

そんなものが、縄文人の間で高い頻度でできていた。もちろん地域ごとに、あるいは遺跡の立地性で異なるが、男性骨で二〇％強、女性骨で一二％ほど、全体で一七％の出現率を示した。これは驚くほどに高い値である。ニュージーランドのポリネシア人であるマオリ族や、ペルー沿岸部の人たちの古人骨などで、世界一で高い頻度で認められると報告されているが、おおむね縄文人骨でのものと同じレベルである。

縄文人骨で外耳道骨腫がかくも多発していたことは、縄文人が漁撈など水界での生活活動に励んでいたことを、なによりも雄弁に物語る。おそらくは素潜り漁、海藻類などの採集、波かぶりの小舟での釣り漁などが盛んだったのであろう。海女さんや海士さんのような人たちや、漁撈活動を専業とするグループが、すでに存在していたのかもしれない。

このほかにも、縄文人ならではの骨格での特徴は少なくない。子供の時分から蹲踞《そんきょ》の姿勢をとり続けることで足の脛骨《けいこつ》と距骨《きょこつ》との間にできる「蹲踞小面《そんきょしょうめん》」という特別な関節面のこと、野山を駆けめぐるクロスカントリーやオリエンテーリングの選手なども、かくやあらん、と思えるような、大腿骨での「柱状性」や脛骨での「ヒラメ筋」の発達についても言及したいが、なにぶん、紙幅に限りがある。たとえば、拙著『骨考古学と身体史観』（二〇一三）などを参照されたい。

†縄文人の歯

講義のときなど、縄文人の頭骨をスライドで見せれば、感嘆の声があがる。いちばん先に目につくのは、なんと言っても、前歯が何本か欠けている（抜けている）ことだろう。顔の玄関口ともいうべき前歯が虚ろになっているさまは、恐怖感をつのらせるかもしれないし、あるいは、間の抜けた感を抱かせるかもしれない。これは「風習抜歯」のためである。まだ若い頃に、虫歯でもなんでもない何本もの歯を、わざわざ引き抜いたことによるものである。この抜歯などについては、このあと少し詳しく述べる。

これだけではない。縄文人の歯には、私たちのものと大きく異なる点が少なくない。いずれも、彼らの生活活動や風習の所産なのである。けっして、彼らの遺伝的体質が私たちのものと違っていたからではない。

以下、順不同で列挙すると、①上下の前歯が合わさるように嚙み合うこと（「毛抜き状咬合《こうごう》」あるいは「鉗子状《かんしじょう》咬合」）。彼らは生前、「受け口」ぎみだったはずだ。ちなみに、今の日本人などでは、上顎の前歯が下顎のそれに被る「鋏《きょう》状（はさみ状）咬合」が一般的である。②非常に歯並びがよく、いわゆる「反っ歯」や「乱杭歯《らんぐいば》」（歯科用語で「叢生歯《そうせいし》」）の類を見かけないこと。③歯冠部の嚙み合わせ面の咬耗（食べ物の咀嚼による磨り減り）が非常に強いこと。④ときに「異常咬耗」の状態を呈しており、大きく傾斜するか「馬の鞍」状に歯列が磨り減っていること。⑤ほとんどの人で若いうちに立派な第三大臼歯《だいきゅうし》（「親不知《おやしらず》」あるいは「智歯」）が生えること。⑥虫歯は少なめだが、歯周症（歯槽膿漏）は珍しくないこと、などなどである。

上記の①は、②と、あるいは③とも④とも関連しよう。下顎骨が大きく歯が小さめだから、上下左右の三二本の歯が生え揃うスペースが十分にあり、歯が整然と並ぶわけである。もちろん、③はハードな硬い食べ物を噛み砕き裂き磨りつぶしていたことと大いに関係がある。同時に、ドングリやクリ類、根菜類、貝類など、砂や小石混じりの食物を多く、石臼などで搗《つ》いて食していたこととも関係する。これらの食物には、ことのほか多くの砂粒などが混じる。また、石臼や石皿で搗くと、石粉のようなものが紛れこむ。

ちなみに、縄文人の歯の咬耗の強さは、ニュージーランドの先史ポリネシア人（マオリ族）やエジプト古代王朝の人々のそれにも匹敵する。前者は、砂混じりのシダの根（澱粉源）を多食したこと、後者はナイル地帯のきめ細かな砂が多く混じる食物を常食としていたことが原因とされている。

④の「異常咬耗」の原因は、以下のとおり。食物を噛み砕く用途以外に「第二の手」のごとく、なにかの道具がわりに歯を使っていたことを物語る。たとえば、つい最近まで、

エスキモーの人たちが行っていた獣皮を歯で噛みしだく皮鞣しの作業。カラムシ（苧麻《ちょま》）などの植物の樹皮や葉をしがんで糸を績《う》む作業（苧麻績み）。骨付き肉を石器で切り取るために前歯で食いしばる作業。あるいは、木工や撚《よ》り糸や縄編みなどのために歯で物を保持する作業などを列挙することができる。ともかく歯牙を道具として使用し、ガタガタに磨り減るほどに、日常的に歯を酷使していたことを強く物語る。

†奇妙な風習――抜歯と研歯

縄文人の歯に関して、もっとも注目すべきは、なんと言っても、抜歯と研歯の風習だろう。わざわざ健常な前歯を何本も抜き、ときには石器かなにかで研磨加工し、派手な刻みを入れているのだから、ともかく目立つことこのうえない。なんとも不気味な風習である。

かつては抜歯の慣行は、世界の各地で、さほど珍しくはなかった。身体加工（あるいは身体毀損《きそん》）風習のなかでは、もっともポピュラーであり、多くの民族が勤《いそ》しんでいた。中国や台湾、東南アジア、オーストラリアやニューギニア、メラネシア、ハワイ諸島などの古人骨でも、しばしば目にする。このように環太平洋の一帯で、かつては広汎に流行した習俗である。研歯のほうが珍しいが、それでも私自身、マヤ人やフィリピンの古人骨などで観察したことがある。でも、抜歯と研歯とがセットでそろい、しかも誰も彼もが派手に抜歯を施していた点で、縄文人は、世界でも特異な例だろう。

縄文時代の全期間にわたるわけではなく、どの地方もではないが、東北地方、東海地方、近畿地方、瀬戸内地方にかけては、ことに後期と晩期の人骨では、抜歯を施されているのが普通でさえある。上顎の切歯を三叉状に刻んだ「叉状研歯《さじょうけんし》」の例も珍しくはない。今から三〇〇〇年前の頃、これらの地域に限れば、大流行していたのだろう。たとえば愛知県渥美半島にある後晩期の吉胡《よしご》遺跡。ここで発掘された一三三人分の人骨のうち、一二五人分で抜歯が施されていた。なかには、八本以上の歯を抜いた人骨が一三例も記録されている。最高記録は合計一四本。ともかく抜きまくっていたわけである。いやはや、げに恐ろしき風習。歯を抜くことに偏執狂のごときこだわりをもっていたのではあるまいか。

歯を抜くのに規則的な順序があったようだ。①まずは、上顎の左右の犬歯を抜く。②次は、下顎の歯。左右の犬歯を抜くか（A型）、あるいは、左右の切歯四本を全部抜く（B型）。③さらに、Aの場合は下顎の中切歯《ちゅうせつし》二本を抜き、Bの場合は下顎の犬歯二本を抜く。④さらにさらに、上顎の小臼歯を一本か二本か抜く人もいた。

これらの風習抜歯は、虫歯などで傷んだから抜くのではない。わざわざ健常な歯を抜くのだ。「生き馬の目」や「生き牛の目」ならぬ「生き人の歯」を抜くのだ。がっしりと植わった生歯《せいし》を抜くのだから、ただごとではないだろう。しかも、もっとも歯根が深く大きいため、現代の歯医者さんでも抜くのに難儀するほどの犬歯を抜くのだから、それこそ大仕事。ものすごく痛いはずだが、痛ければ痛いほど、難儀なれば難儀なほどに、御利益《ごりやく》があったのかもしれない。痛くなければ、意味がなかったのであろう。それが通過儀礼なのであり、哀悼傷身《あいとうしょうしん》というものだ。

一段階目の①の抜歯は、たいていの成人骨で見られる。おそらくは成人式の儀礼。晴れて大人の仲間入りをするための通過儀礼だったのであろう。ごくまれに、この抜歯が施されていない骨があるのだが、なんらかの理由で、一人前の成人になれなかった者がいた、のではないだろうか。あるいは、どうしても抜くのが嫌な反抜歯主義者がいたのであろうか。

さらには、三〇歳あたりで死に至り、ようやく抜歯した者がいたようだ。この例では、犬歯の内側にある左右の側切歯《そくせつし》が歯根の上部で折られていた。「成仏できない」ということで、「抜歯もどき」をやり、慌てて勇み足で、隣の歯をやってしまったのかもしれない。ちなみに、痛み止めの麻酔薬のようなものは、もちろん存在しただろう。きのこでもよい、動植物性の生薬でもよい。それくらいの知識や知恵が縄文人になかった、とは考えにくい。

それでは二段階目の抜歯がA型とB型に分かれるのは、どうしてなのか。これについては諸説紛々。婚儀の際に施され、A型は地元の者（在地者）、B型は婚入者（よそ者）がしたと考える仮説がある（いわゆる「春成仮説《はるなり》」）。血縁か地縁のグループを表象するためだ、と考える仮説もある。あるいは、社会的な身分を表すのだろう、との仮説もある。

最近、日下《くさか》宗一郎（京都大学）が提唱した仮説は、生業活動が分化していたことを反映するのではないか、と考える。つまり、すでに縄文人の間で「狩猟か漁撈か」などの分業化が芽生えていたことを示唆する。「海幸彦山幸彦《うみさちひこやまさちひこ》」仮説とでもいえようか。なんとなくの思いつきの感がしないでもないほかの仮説に比べると、人骨の安定同位体分析による確としたデータの裏付けがある点で、もっとも説得力があるように思うのだが、さて、どうだろうか。

前記の三段階目の抜歯だが、春成仮説では、これは再婚のときに施されたのだろう、と考える。つまり、②A型の「在地者」が再婚すると、中切歯二本を抜き、②B型の「よそ者」が再婚すれば、犬歯二本を抜く。これには、こじつけ感が否めない。今と同様の婚姻制度があったのだろうか。ましてや、四段階目の抜歯となると、もはや、いささかなりとも合理的な説明原理を探すのが難しい。哀悼傷身を表現したのではないか、と考える向きがあり、リーダーを亡くしたときとか、身内の者が亡くなったときなどに、その哀しみを共感する儀礼と考えるわけだ。あるいは、自分か他人かの病の回復を祈願する儀礼だったのかもしれない。ともかく、これらの仮説の真偽のほどは、それこそ、縄文人に聞くほかないような気がする。

†研歯の特別な役割

研歯の意味を探るのは、さらに難儀である。これが施された人骨は、実際には、さほど多くない。だから、特殊な意味があったのはまちがいないだろう。抜歯と同様に後晩期の人骨に多く、ことに東海地方や近畿地方で多い。たぶん、石のヤスリなどで歯を研ぐわけだから、これが施される者にとっては、たまったものではない。たいへんな苦痛と忍耐を要しただろう。痛いわ、苦しいわ、時間がかかるわ、と、なんとも難儀だっただろう。この点で、あるいは、おどろおどろしさを醸しだす点で、入れ墨（黥面文身《げいめんぶんしん》）と似た意味があったのかもしれない。そんなふうに飛躍してみるのも一興ではあるまいか。

上顎の中切歯二本に三叉状の刻み目を入れ、さらに側切歯二本に二叉状の刻み目を入れた「叉状研歯」は、女性骨に多いとの理由で、巫女《みこ》さんなど、特別なステイタスをもつ人物に施されたのであろうとする通説が、かつてはあった。だが実際には、男性骨も少なくはない。一筋縄では説明できない。

ともかくも、「特別な役割をになった人物」説が有力だろう。たとえば、ムラを束ねるリーダーであったり、シャーマンであったり、呪術師だったりと、「長《おさ》」的な人物の存在が想定できようか。いずれにせよ、呪術師などの社会的身分が存在していたことを示唆する証左とはなろう。抜歯形式から職業的分化を想定する「海幸彦山幸彦」仮説などと合わせて考えると、まことに興味深い。縄文人社会を考える具体的材料を提供しよう。

このほか、上顎中切歯の両側を研ぎ削り、中央部を尖らす「単尖研歯《たんせん》」などもある。岐阜県羽沢《はざわ》貝塚、奈良県観音寺《かんのんじ》本馬《ほんま》遺跡、岡山県津雲《つくも》遺跡などで出土した縄文時代後晩期の人骨で散発的に見つかっている。非常に例数が少なく、この型の研歯の意味については、想像力すら及ばない。

いずれにせよ、縄文人社会には奇抜な風習があったものだ。抜歯にせよ研歯にせよ、他人の目を惹きつけ誇示することに意味があったのは、まちがいない。なんらかの社会的意味があったのも、まちがいない。だからこそ、顔の玄関となる前歯、いちばん目立つ歯に施したのだ。それにしても、上顎犬歯と下顎切歯の全部を抜き、その上に上顎切歯を尖らせた顔は、鬼のごとき様相である。そんな顔がニカッとする様子は、とてもいただけない。暗闇で出会ったりすれば、この世のものとは思えないほどのまがまがしさだったことは、想像にかたくない。あるいは、歯を加工することには、魔除けや厄払いなどの意味があったのかもしれない。

†縄文人の食べ物

古人骨からは、それを残した人たちが、どんな食べ物を蛋白質源として利用していたか、そんな食生活に関することまで推定できる。死の前の一〇年くらいの間に主要な蛋白質源として利用した食物の内容を明らかにできるのである。

顔立ちや体形などの身体特徴は、個々の骨の大小、形の詳細、筋肉の付着部の様子、さまざまな変化や変形などで推測するが、こちらのほうは物理科学的な分析、炭素と窒素の安定同位体の量を測定、それぞれの同位体比率を定量することで行われる。一般に食性分析、あるいは、炭素・窒素安定同位体分析と呼ばれる。その原理と方法、そして解釈の仕方については、南川《みながわ》雅男（北海道大学、二〇一四）を参照されたい。

各地の縄文人骨について、多くの研究が積み重ねられており、縄文人の蛋白質利用のこと、その内容に地域差があったことが解明されている。たとえば、北海道の縄文人は海獣類やサケなどを主要な蛋白質源としたが、東北や関東や東海などでは、植物資源や陸上動物、それに海産魚介類を多く利用していたこと、また中部地方などの内陸部の縄文人は、当然ながら、ほとんど海産物を利用しなかったこと、などなど、大まかに要約すれば、そんなことが推定されている。

ことに東海地方の縄文人については、日下宗一郎（京都大学）の研究により、吉胡《よしご》貝塚や稲荷山《いなりやま》貝塚などの人骨で詳しい分析がなされている。その結果、食性において、大きな個人差があったことが発見されている。つまり海産魚介類に強く依存する食生活を送る者がいる一方で、植物資源や草食獣に依存度が高い者がいた。また、一般に男性のほうでバラツキが大きく、海産類を摂取する割合が高い多数派と、その逆に植物や草食獣の割合が高い少数派とに分かれていた。あるいはすでに、漁撈活動に従事する者と狩猟などに従事する者とに、ある種の分業化のようなものが生まれていたことを物語る証拠となるかもしれない。まことに興味深い研究成果ではある。

ともあれ縄文人は、地域の特性に応じて、融通自在に蛋白資源を利用していたようだ。そのほか、各遺跡に残された食物残渣《ざんさ》からも、食べ物の内容を知ることができる。とても多様な海産類を利用し、多種の陸上動物や河川魚を食用としていた様子がうかがえる。さらに虫歯が少なくないことからは、澱粉質を多く含む根菜類や雑穀も多用したことが推量できる。およそ有用なものなら、なにからなにまで、まさに「ピンからキリ」までも、土地柄に応じて四季折々の食物を利用していたのだろう。縄文人の食物のレパートリーは広く、案外、グルメな生活を送っていたのかもしれない。

†縄文人は日本人の基層をなす

縄文人の系譜と血脈、暮らしと文化、習俗と気質のようなもの、などなど、彼らの生きかたと死にざまは、のちの日本人とアイヌの人たちの基層をなしたことだろう。大河の源流のようにして、のちの日本人の歴史のなかで脈々と流れてきたのはまちがいない。

彼らの人物像も生活像も独特ではあったが、どこからか特定の人々が「縄文列島」にやって来たから、そうなったのではない。まだ陸続きに近い状態だった旧石器時代に、東アジアの大陸方面から「吹きだまり」のように集まって来た人々が混合融合し、豊穣な自然に恵まれた「縄文列島」という舞台で、新しい革袋のなかで新しい酒が醸成するようにして、新しい人々、つまりは縄文人が形成されたのである。その意味で、「どこからも縄文人は来なかった」「縄文人は日本列島で生まれ育った」のである。そんな逆説的な言いかたも可能なのではあるまいか。

地球の温暖化による「縄文海進」の結果、日本が列島化した縄文時代には、まるで時間が停止したように、緩やかに静かに流れていたに違いない。大陸世界とは、ほとんど没交渉だった。だからこそ、異貌異形の縄文人なる人々が生まれることになり、独特の人間の営みが育まれたのでもあろう。

縄文人は、ことに恵まれた海産資源のたまものなのか、次第に漁撈活動に長《た》けることとなり、世界で最古の優秀なる漁撈民となった。だからこそ、世界に類を見ないような貝塚生活が定着、派手な土器文化が栄えたのではあるまいか。土器類は、「第二の胃袋」として、あるいは生活や文化、あるいは儀礼活動や交易活動などでの象徴的存在となり、縄文人の生活を彩った。

もちろん、せいぜいのところが二十万人ほどの人口規模でしかなかったのだから、なにも漁撈活動に特化する必要はなく、採集民、狩猟民、園芸農耕民でもあり続けた。だが、いかんなく生活の知恵を磨かなければならない漁撈活動に長じるにつれ、縄文人の「なんでも屋稼業」は、よりいっそう磨きのかかったものとなり、ユニークな装いを帯びるようになったのではなかろうか。

いずれにせよ、縄文時代とは、豊かな気候条件と生態条件に恵まれた時代。縄文人とは、生活の知恵と知識を高度に磨いた日本列島ならではのユニークな人々。縄文文化とは、ことに土器文化や漁撈文化などを見事に開花させた生活の総体。日本人の基底にあるメンタリティや心象風景が息づいた時代なのだ。こうした時代を有していたことを、もっと日本人は誇りにしてよいのではなかろうか。

コラム2

人骨の仕組みと法則性

骨考古学が成り立つ前提として、人骨の仕組みと法則性を十分に理解する必要がある。ここでは、ごく簡略に要点を箇条書きしておく（詳しくは片山［一九九九、二〇〇二、二〇一三］などを参照されたい）。

①生前の顔立ちや体形は、骨格から十分に復原できる。人間の身体が万人不同、千差万別であるのは、その中の骨がそうだからである。骨相は人相をあらわす。

②人間が生きているうち、骨も齢《よわい》を重ねる。子供の頃は成長に伴う変化、成人となってからは、加齢変化していく。だからこそ死亡年齢が推定できる。

③われわれの骨は、運動や労働活動などによる使用・不使用に応じて、かたちが変化する（ウルフの法則）。それにより生前の生活活動が類推できる。

④人間が直立二足歩行することと関係して、ことに骨盤構造で性差が大きい。それと連動する脚骨《きゃくこつ》や足骨《そっこつ》などはもちろん、全身の骨格で多少ともに性差が認められる。

⑤もちろん骨格も遺伝性を反映するが、その程度は存外小さい。だから、同じアジア人である中国人、朝鮮人、日本人などのレベルで判別することなどできない。

図4　人間の骨格図

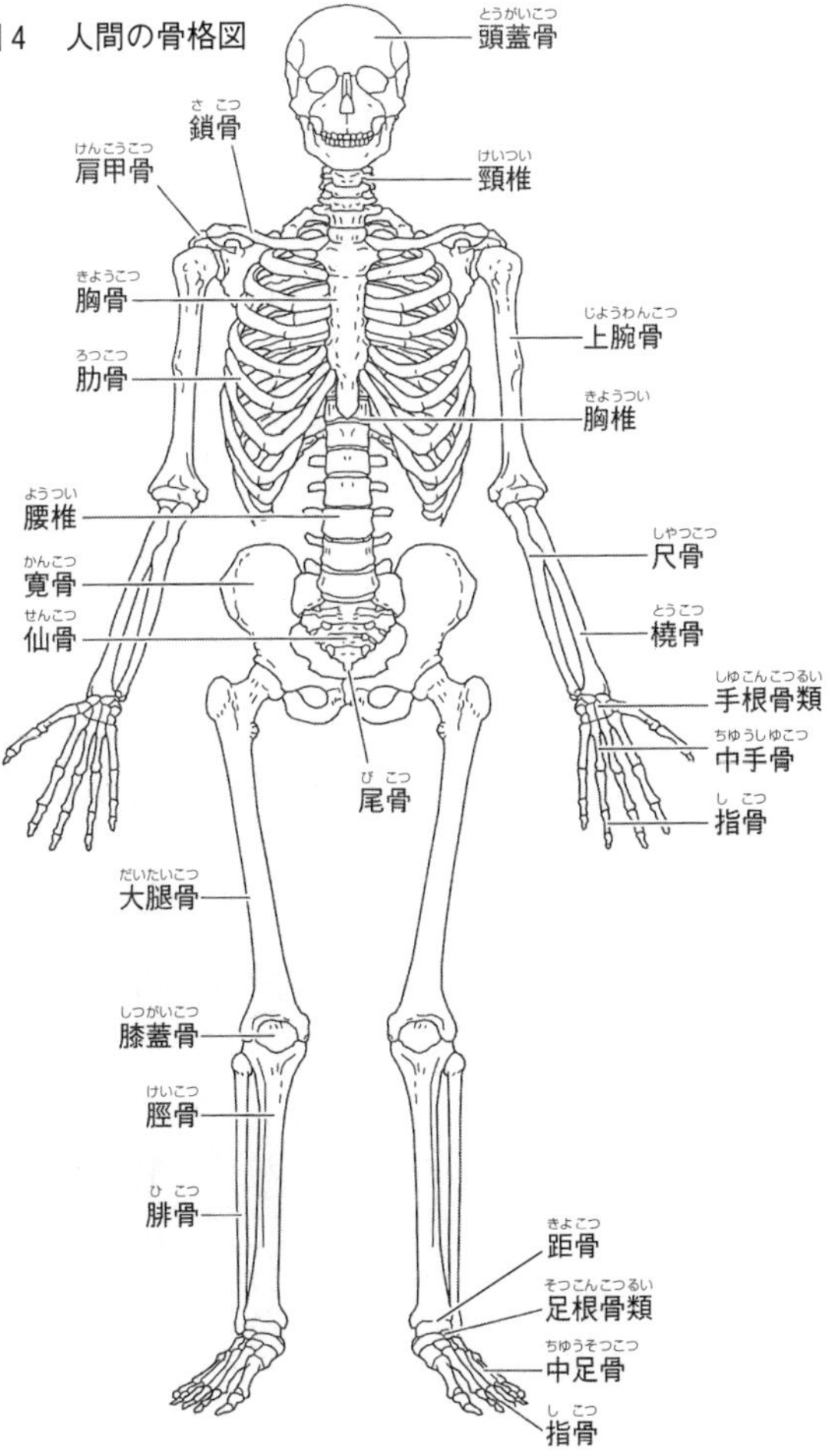

頭蓋骨《とうがいこつ》
鎖骨《さこつ》
肩甲骨《けんこうこつ》
頸椎《けいつい》
胸骨《きょうこつ》
上腕骨《じょうわんこつ》
肋骨《ろっこつ》
胸椎《きょうつい》
腰椎《ようつい》
尺骨《しゃっこつ》
寛骨《かんこつ》
橈骨《とうこつ》
仙骨《せんこつ》
手根骨類《しゅこんこつるい》
中手骨《ちゅうしゅこつ》
尾骨《びこつ》
指骨《しこつ》
大腿骨《だいたいこつ》
膝蓋骨《しつがいこつ》
脛骨《けいこつ》
腓骨《ひこつ》
距骨《きょこつ》
足根骨類《そっこんこつるい》
中足骨《ちゅうそくこつ》
指骨《しこつ》

⑥生前に経験した骨折や骨損傷などの痕跡を判定するのは難しくない。また、生前の傷か、死亡時の傷か、死後の骨破損かを判断するのも難しくはない。

⑦古い骨でも多少はコラーゲン蛋白が残っており、それを資料にして食性分析をすることにより、なにをタンパク質源としていたかが推測できる。

⑧一般に歯は骨よりも良く残っている。だから、虫歯や歯槽膿漏の痕を探すのは容易である。歯の道具使用や風習抜歯の有無を検討するのも難しくはない。

⑨骨にも微量のDNAが含まれており、古人骨でも残っていることがあるのだが、外部から汚染したものでないことを判定するのは容易ではない。

第3章 「弥生人」

1 縄文人から「弥生人」へ

†弥生時代のイメージ——その移りゆきと潮目の変化

歴史の遠近感で言うと、縄文時代は「遠遠古」で弥生時代は「遠古」、そんな感覚をいだく向きが多いやもしれぬ。実際、日本史の教科書などでは、どちらの時代についても幽遠の彼方のことのよう、味気ないことこのうえない記述である。しかしながら、本書後半のⅡで述べるように、日本人の歴史という観点からすると、どちらも、とっくに終わった忘却の時代ではない。今も余韻のように、残り香のように続いている。のちの日本人の

「骨格」、あるいは日本文化や社会の「岩盤構造」のようなものが形成された時代。さらに申せば、のちの世と断絶した「夢のなかの幻」のごとき「幻世」でもなく、「現世」への胎動が始まった時代なのだ。

もちろん弥生時代は縄文時代の次の時代区分、二五〇〇年前の頃から一八〇〇年前の七〇〇年間くらいの時代である。ときに、これらの年代に目くじらを立て、ときに、両時代が隔絶し、人間生活が激変したとのイメージをもつ向きもあるようだ。おそらくは、社会と文化が大いに革新されたと考える「暗い縄文時代と明るい弥生時代」論信仰のゆえだろう。なにしろ、「縄文時代好き」と「弥生時代好き」に分かれるほどである。私自身は、そんな発展史観的二元論には与《くみ》しない。

おそらくは両時代、一人の人間が、ときに顔をしかめるように、あるいは、ときに顔を緩めるように、時代の表情が幾分変わっただけのことかもしれない。たぶんに植物遷移のようなものであり、少し気候が寒冷化したとか。いくぶん人口が増え、河川平野が定住場所になったとか。社会が構造化され集落規模が大きくなったとか。東日本にあった重心が西日本に移ったとか。土器文化が革新されたとか。金属文化が輸入されたとか。その程度のこと。たんなる歴史の成りゆきでしかなかったのではなかろうか。

実際のところは、弥生時代の始まりとともに、世の中が音を立てて崩れるほどに変化したわけではないようだ。むしろ前半は、おそらくは単色の縄文時代に彩りをそえただけのような調子でスロウな時間が流れ、石器時代に毛が生えただけのような物質文化の中身だったのではあるまいか。

ただ後半になると、人間の歴史が画期を迎えた、と認めざるをえない。人口が急激に膨張、社会の緊張感や確執が増加、人間が多様化するなど、大いに様変わりしたようだ。古墳時代へと風目潮目が変わり、国家形成期前夜へと向かう雲ゆきが怪しく動くことになったに違いない。

図5 「弥生人」のイメージ

ときに、わたしたち日本人は、縄文時代と弥生時代のことを「暗瞑《あんめい》」と「黎明」、縄文人と弥生時代人のことを「暗愚」と「聡明」のごときイメージで対比することが少なくないようだが、そんな情緒的な問題ではないだろう。わたしたちのメンタリティの奥底に、縄文時代と弥生時代とが対照的にすりこまれているとしたら、そこには浅はかな発展史観が影響、ことに戦後流

の歴史発展史観が強く投影されているのかもしれない。

たしかに、弥生時代の終わりから古墳時代にかけて、日本人の歴史は最初の激動期を迎えたようだ。はたして、その後の時代趨勢を大きく動かしたのであろうか。明るく平和になっていったのか。安定して豊かになっていったのか。そもそも、日本人の原風景は、弥生時代まではたどれるものの、縄文時代にはたどれないのか。そんなこんなの問いは、本書の読後に再度、自答していただければありがたい。

†弥生時代の幕開け

おおむね一万年の長きにわたった縄文時代は、まさに「静の時代」、千年一日のごとく歳月は流れた。しかるに弥生時代は、ことに後半の「倭国の大乱」の頃は、ダイナミックな「地殻変動の時代」、何百年かの間に人間の動きが活発になり、新たな文化が輸入され、社会の仕組みが変わり、人口が増加したから、次第に緊張感が昂じていったようだ。日本列島と「外世界」との関係で言えば、縄文列島が「自閉空間」だったのに対し、弥生時代は「開国」の時代、「海峡地帯」が人間と文化の十字路となり始めた。ともかく、次第に外世界、すなわち大陸方面との人間の行き来が朝鮮半島経由で活発となった。ようやく石器時代から金属器の時代に入るわけだが、すぐに金属器が実用化したわけではなかろう。

依然、文字のない先史時代であったことに変わりない。

弥生時代への幕は静かに上がった。鳴り物入りで、なにもかもがいっせいに変わったのではないだろう。たしかに当時、中国大陸では世相が大いに乱れ、人間の動きが活発となり、たとえば舟や船などの交通手段が革新されたから、いきおい東海をなす日本列島の島々に人間と文化が流出する気運が生まれた。ともかく、朝鮮海峡と対馬《つしま》海峡の「海峡地帯」に「海の道」ができたわけだ。当然のこと、その海峡地帯の列島側の沿岸部には人間が来る。大陸の文物がもたらされる。水田稲作農耕などの生活システムが輸入される。むしろ静かな勢いで「大陸世界」が、ことに海峡地帯の玄関口にあたる北部九州や中国地方の西岸部に入ってきた。そんな成りゆきだったのではあるまいか。ともかく「大陸との交流の始まりが始まった」状況だったろう。

そんな状況は、その後の日本列島の歴史を方向づけ、日本人の民族性を決めるように向かう契機となったであろうが、すぐにすべてが一変したわけではあるまい。ともかく、日本人と日本文化と日本社会の系譜論の文脈で、とてもクリティカルな時代が始まったことになる。でも実際には「日本的な生活様式」が根づき、「日本人気質」なるものが醸成され、めざましく人口が増加し、社会が階層化構造化するのは、この後の古墳時代にかけてのことだったろう。

ことほどさように、弥生時代は、日本列島で最初の大きな変革の時代となった。ことに西日本を中心に人間社会の仕組みが激変した。日本列島の人々の間で多様性や地域性が生じた。同時に、物質文化の中身が一〇倍にも一〇〇倍にも膨れあがったのはまちがいない。その後の日本人の生活・文化・社会の礎石が築かれ始めた時代となったのである。かくなる弥生時代という歴史の断面では、そのどの時期、なにがなぜ、どの地域からどこへと、どのように変革していったのだろうか。ことに文化的社会的な変化に関しては、考古学プロパーの方面での貪欲なまでの研究のたまもの、かなり踏みこんだ答えが得られるまでに至っている。ここでは、人間に関する問題に焦点を当ててみたい。

†「渡来した弥生人が縄文人に置きかわった」は本当か？

今から二〇〇〇年前以降、弥生時代のなかばから、世相が激しく変化した。採集と狩猟と漁撈活動に励み、集落のまわりで園芸耕作を営む縄文人の生活スタイルがマイナーとなり、日本列島に住む人々の暮らしが、水田稲作農耕を中心とする生活にシフトしていった。従来の木器、石器、土器に加えて、青銅器や鉄器の金属器も使われるようになった。採集・狩猟・漁撈が基本の略奪経済から農業活動が中心の生産経済に向けてスイッチされた。いきおい、集落の立地や形態や規模は大きく変わり、大きな河のほとりに広がる低地平野部に大きな集落（ムラ）が営まれることとなった。人口も拡大したから、ムラとムラとの交流が盛んになったはずだ。

こうした変革を担ったのは、いったい誰だったのだろうか。

この問題は長らく、にぎやかな論争の渦のなかにあったが、だんだんと「大量に渡来した弥生人なる人々が、新しい文化と生活様式を武器に、それまでいた縄文人に置きかわった」からだとするシナリオが定説のようになってきた。すなわち、①縄文時代の終わりから弥生時代にかけて、大陸方面から朝鮮半島経由で渡来人が押し寄せてきた。②一説には、その数は百万人規模に達した。③その人々がまたたくまに日本列島に広がり、たちまちにして縄文人を辺境の地に押しやった。④かくして、渡来人すなわち弥生人が弥生時代の主人公となったのだというシナリオである。日本史の教科書も、そんな内容。一般歴史書でもくりかえされる内容である。一件落着の感ありだが、本当にそうなのだろうか。

たしかに、この定説化した感のある仮説、たいへん単純明快でわかりやすいのだが、わかりやすすぎるきらいがあるのも、またたしか。私が臍曲がりなのか、このわかりやすさが気になって仕方ない。えてして「難しい話にはこじつけ、わかりやすい話には落とし穴」があるものだ。はたして、こんなシンプルな話で、弥生時代から古墳時代にかけての輻輳《ふくそう》きわめる歴史の流れを十分に説明できるのだろうか。

†「渡来系か縄文系か」という二分論の限界

後の章で述べるが、明治以来、いわゆる「日本人の人種起源論」で主題となったのは、石器時代人から渡来人への「交代置換説」か、はたまた両者の「混血説」か、いずれが正しいかの論争であった。日本人の先祖に退場か混血かをさせられたのは、ときにコロボックルであり、ときにアイヌであった。それが今度は縄文人の番になったわけである。

この仮説を定説と考える論調の「屋台骨」として、いつも挙げられるのが、いくつかの「事実なるもの」のセットである。それらは、①弥生時代の画期にあたり、新しい文化や生活様式が伝来したこと、②人々の生活が水田稲作農耕にシフトしたこと、③この時代に大勢の渡来人がいたこと、④一気呵成に渡来人だらけの人間模様が生じたらしいこと、⑤人口が急増したこと、などなどである。

要するに、文化現象も人間現象もなにもかもが大きく変化した。それが弥生時代を特徴づける「事実なるもの」のセットの内容である。だが、これらの「事実なるもの」のセットの土台がぐらつくとすれば、この仮説は定説化の高みに向かう階段から転げ落ちなければなるまい。そこで、これらの「屋台骨」を点検してみよう。

もちろん、文化現象や社会現象に関する問題は、私の手には負えそうにない。伝統的な考古学の成果に信を置くほかない。そこで問題となるのは、人間にまつわる現象である。つまりは、はたして渡来人は次から次とやって来たのか、それゆえに彼らは爆発的に人口を増やしたのか、どのつまり、どの地域でも渡来人の流れをくむ人々が主流となったのか、ということである。

もしもそうだとすると、どんどんとやって来る渡来人に対して、従来の縄文人は多勢に無勢で、相手にならなかっただろう。ともかく渡来人は、数の上で圧倒しながら、縄文人を併呑しながら、日本列島に広がっていき、あるいは縄文人と混血しながら、その子孫が列島を覆いつくしたことになる。となると「日本人は渡来人の流れをくむ」という言説が成り立つわけなのだが。

いかにもわかりやすい仮説ではある。だがはたして、そんなすっきりとしたストーリーで語れるものなのだろうか。いくつかの論点が浮上する。

ひとつは、弥生時代の人々の人間模様。実は「渡来系か縄文系か」の二分論で議論できるほどに事は単純ではなかったようなのだ。ひとつは「渡来系弥生人」なる人々の分布。どうも、ある地域に集中しており、そこでも、どの時期にも渡来人ばかり、ということではなかったようなのだ。ひとつは「伝来文化と渡来人の共時性」。そもそも、渡来人が多く来て、彼らが新しい文化と生活様式を伝播《でんぱ》したから、日本列島全体の人々も生活様式も変わっていったのだとする図式は、どうやら無理筋かもしれない。

†「弥生人」さまざま

前章で縄文時代の人々を語るとき、たんに縄文人としたが、弥生時代の人々については、いわゆる弥生時代人との意味合いで「弥生人」としたい。もちろんわけがある。

縄文時代は一万年の長きにわたったにもかかわらず、だいたいのところ、縄文人骨の顔立ちや体形は一定しており、あまりに大きな時期差や地域差は認められない。しかるに弥生時代は七〇〇年ほどと短いが、その遺跡で出る人骨は、けっこう多様であり、地域差や時期差が無視できない。一括りに扱えば、いささか乱暴にすぎて、地域性などの身体現象の問題を詳細に論じるのが困難になる。

この「弥生人」はニュートラルな呼びかたである。弥生時代という時代を共有する人々ということ以外のなにものでもない。実際に「弥生人」はさまざま。同時代人なのに、さながら「盛り合わせ」のような人々だったようだ。

まるで縄文人そのもののような「弥生人」や、縄文人に似た「弥生人」（縄文系、あるいは縄文人もどきの「弥生人」）がいた。その一方で、朝鮮海峡を越えてきた人々か、その係累につながるような渡来系「弥生人」もいた。また、縄文系「弥生人」と渡来系「弥生人」とがミックスしたような混血「弥生人」、次の古墳時代の墳墓から抜け出てきたような「弥生人」（新弥生人）もいた。さらには、南九州には琉球諸島の貝塚人《かいづかじん》に似た「弥生人」（南九州「弥生人」）がいた。

きわめつけは北海道。そもそも水田稲作農耕が浸透せず、弥生時代の相当期にも縄文人（続縄文人）がいた。もちろん彼らも「続縄文弥生人」と呼んでもさしつかえなかろう（普通、そうは呼ばないが）。ともかく、ややこしいこと、このうえない。だから総称して「弥生人」と表記する次第である。

どうか誤解しないでいただきたい。もちろん、渡来系「弥生人」と言っても、産地マークやDNAコードのようなものが印されているわけではない。当時、大陸側にいた人々と身体特徴が似ている（あるいは、縄文人と似ていない）ということだ。まさに渡来人だ、と即断するのは早計。要するに、弥生時代に多様な人々がいたことを強調するためだ。なにより、その多様な人間模様を「渡来系か縄文系か」の二分論で単純化することによって、いわれなき混乱、短絡、ステレオタイプの回路が生じることのほうが恐ろしい。かつて人類学の界隈で盛んであった人種学的な思考は避けねばならない。

2 「弥生人顔」神話

†「弥生人」の地域性

どこかの考古学の博物館を訪ねると、しばしば、北部九州（福岡平野や佐賀平野）の弥生時代遺跡や山口県土井ヶ浜《どいがはま》遺跡などで出土した人骨を例にして、たとえば岡山県津雲貝塚で出た縄文人骨と比較する展示が目につく。そして、両者の違いを強調するような復顔像が並べられて、「弥生人の顔立ちは縄文人とまるで違いました……」、「弥生人は顔がのっぺりと長く……」、おまけに、「眼が細く、瞼が薄くて一重、耳たぶが小さく、唇が薄めであった」など、と解説されている。同じような説明は、教科書の類、テレビの放送番組などでもある。

そんな展示などを幾度も目にするからなのだろう、多くの人が納得したような気分になっているようなのだが、これは一種のマインドコントロール状態と言えよう。先入観に基づく思い込みを絵に描いたようなものである。「弥生人」と縄文人とが、ことに顔立ちなどで非常に異なると認識されているとしたら、別に意図されたものではなくても、結果的には、主観の押しつけになっているからだ。

ひとつには復顔の問題。そもそも復顔とは、誰にでもわかるようにするために、頭骨に肉づけをすることであるが、顔のなにもかもが復原できるわけではない。たとえば、「長い平坦な顔、低い鼻、細い顎、高めの身長」などは復原可能である。しかるに、耳たぶが福耳であるとかないとか、瞼の一重か二重かとか、唇が厚いとか薄いとか、髪が直毛《ちょくもう》か波状毛《じょうもう》かとか、皮膚が濃いとか淡いとか、あるいは耳垢が湿性（アメミミ）か乾性（コナミミ）か、などなど、いわゆる軟部組織に関係する特徴は骨格からは復原できない。たとえDNAが事細かに調べられても、そんな特徴は復原などできやしない。そんな特徴の描写は実は、まるで復顔担当者の芸術のようなもの、あるいは、なにがしかの主張のようなもの。つまりは、フィクションなのだ。

それよりも大きな問題がある。それこそが、弥生時代人を「弥生人」と表記する最大の理由である。ともかく地域性がとても強く、同じ地域でも前期、中期、後期で時期差が無視できないのだ。いずれにせよ、とてもステレオタイプでは語れない。もしも北部九州や土井ヶ浜遺跡の人骨ではなく、たとえば西北九州や神戸新方《しんぽう》遺跡の弥生時代人骨などを復顔材料に使えば、「弥生人と縄文人の顔立ちは非常に違う」と信じる方々の期待は裏切ら

表6　弥生時代人骨の出土数（地域別）

地域（時期）	人数	タイプ
沖縄（弥生時代平行期）	10人分以上	琉球系
南九州	約20人分	南九州系
西北九州	30人分以下	縄文系
北部九州*	2,000人分以上	渡来系
西中国*	約200人分	渡来系
その他の中国	100人分以上	渡来系多い
近畿	約20人分	複雑（混合）
中部	5人分以上	縄文系？
関東	10人分以上	縄文系
東北	3人分	？
北海道（続縄文期）	約50人分	縄文系

＊弥生時代人骨の90％以上は北部九州と西中国で出土（1998年時）。
弥生時代人骨の出土数は地域により、おおいに異なる。どのタイプが多いかも異なる。これまでに出土した人骨の大多数は、北部九州とその近辺からであり、渡来系と区分されるものが多い。

れてしまうだろう。でも往々にして、現実とは人の思いを裏切るもの。ともかく「弥生人」の顔は、これこれしかじか、彼らの体形は、こうこう云々《うんぬん》かんぬん、などとは、簡単には語れないのだ。

それでは、一重まぶたで平耳、薄い唇に淡い皮膚色、直毛でコナミミなどの「弥生人顔」神話が生まれたのは、なぜだろうか。

✝北部九州地方と西部中国地方の弥生時代人骨

実は、ある一部の地域をのぞくと、弥生時代の遺跡で発見される人骨の数は驚くほど少ない（表6）。むしろ日本のどの地域でも、一九九〇年代の頃までは、ほとんど「弥生人」骨は見つかっていなかった。人口が希薄で遺跡が少なかったからではない。たくさんの大規模な墓地遺跡があるのに、日本列島の特殊な土壌事情がゆえに、そして弥生時代の遺跡の立地条件がゆえに、骨類が土に帰してしまい、人骨が残らないのだ。ともかく縄文時代の貝塚遺跡と比べて、骨の残存状態が著しく悪い。それが弥生時代の遺跡の特徴である。

唯一の例外が、北部九州地域と土井ヶ浜遺跡などがある地域である。これらの土地、対馬海峡と朝鮮海峡にまたがる海峡地帯のあたりだけは、弥生時代人骨が例外的に多く残存する。それに保存状態にもすぐれる。それに加えて、一九五〇年代の早い時期から金関丈夫《かなせきたけお》と、その後継たる永井昌文や中橋孝博らの九州大学グループ、さらには内藤芳篤《よしあつ》らの長崎大学グループにより精力的に発掘・研究活動が推進されてきたから、まさに尋常ならざる数の弥生時代人骨が発見され蓄積されている。

実際、この地域で見つかる人骨は、たしかに縄文人骨との身体特徴の違いが目立つ。ただごとならざる数で出土、まことに残存状態もよいため、弥生時代人骨の「代表選手」か「典型」のように取り扱われるものだから、この地域で見つかる人骨こそが「弥生人」骨なり、そして、縄文人のものとは大いに特徴を異にするなり、との論法が生まれたわけだ。

でも、この地域は日本列島のごく一部でしかない。それに歴史的に大陸との玄関となってきたところでもある。そういう地理的・歴史的な条件を考慮するならば、この地域の人骨を日本列島全域の「弥生人」骨の無作為標本とみなすには躊躇せざるをえない。

なにしろ、朝鮮半島が目と鼻の先にあるところ。もちろん近世に至るまでは長らく、厳格な国境のようなものがあったわけではない。ことに弥生時代、この地域は大陸の文物が輸入される窓口となっただけでなく、人間の行き来が予想外に盛んになった可能性は十分にありうる。たまたま、大勢の移入者たちが来て、その人たちのコロニーのようなものができたため、それまでにいた縄文人が局所的かつ瞬間的にマイナーになった可能性も十分にありうる。

だからといって、この地域から舶来文物が日本列島に発信されたのと同じようなスピードでもって、この地域に渡来者たちが疾風怒濤のごとく押し寄せ、さらに列島のあちこちに拡散していったと考えるのは早計だろう。文化の伝播と人間の移動とは同一視できない。いったいに文化や情報は人づてに伝わるから速い。しかるに人間の移動は人間自身が動くほかないから、それよりははるかに緩やか。人間の拡散は無人の地を広がる「不適応拡散」の場合、けっこう速いものだが、すでに他の人間が住むところへ広がる「適応拡散」の場合は、遅々として進まないのが、世界の各地の歴史が教えてくれる真実である。

ならば、北部九州の遺跡や土井ヶ浜遺跡に遺骨を残した人々をもって、列島の弥生時代人の代表だとみなす思考は無理筋というもの。彼らも「弥生人」なのだが、所詮は渡来系「弥生人」なのであり、日本列島の弥生時代人の代表選手のように考えるわけにはいかない。長らく先住してきた縄文人とは、顔立ちなどが違ったとしても不思議ではない。ましてや、その違いを根拠にして、「弥生人」と縄文人とは顔立ちや体形が異なる。系譜が異なる。だから、前者が後者に置きかわったのだとか、かくして後の日本人が生まれただとか、そんなふうに論じるのは、著しい論理の飛躍である。

†弥生時代の海峡地帯――対馬海峡と朝鮮海峡

もちろん渡来系「弥生人」に分類される人骨の数は、北部九州地域や日本海沿岸部の中国地方の弥生時代遺跡からは、少なからず。たしかに弥生時代には渡来人がいた。このことは否定できまい。

肝心なのは、舶来の文化や生活様式が日本列島に及ぼした影響の大きさほどに、大勢の人間が渡来して来たのか否か、という問題である。また、弥生時代のどの時期のことなのか。早い時期からか、それとも、古墳時代に近い時期になってからのことなのか。さらには、北部九州から日本海や瀬戸内海あたりまでの地域限定だったのか、広く列島に満遍なく来たのかどうか。そのあたりの問題だ。

ところで、伝来した生活の技術やシステムについては、そのインパクトたるや圧倒的で衝撃的なものだったと考えられている。だが、もしも点数でカウントするならば、はたして、どれほどのものだったのか。もしかしたら古墳時代から奈良時代の頃、明治の始まり前後の頃に比べたら、たいしたことはなかったかもしれない。だとすれば、ますますもって、まるでウンカが海を渡るように渡来人が来たわけではなかった、と考えざるをえない。

とりわけ多くの渡来系「弥生人」の骨が出土するのは、玄界灘に面した北部九州（福岡平野周辺）の各遺跡、響灘《ひびきなだ》に面した土井ヶ浜遺跡など、それに島根県から鳥取県に広がる沿岸部の諸遺跡である。ことに北部九州は、弥生時代のなかば頃になると遺跡の密度が高くなり、人口が増加した様子がうかがえる。それらの遺跡では膨大な数で人骨が見つかり、たいていは渡来系「弥生人」に分類される人骨である。

これらの地域で、ことに弥生時代の中期にあたる頃から、渡来系「弥生人」の骨が多くなる状況は、まことによく理解できるのではあるまいか。おそらく中国の戦国時代、かの地の社会政治情勢が乱れに乱れ、多くの人々が朝鮮半島のほうにも流浪していったことであろう。その流れがさらに伸び、さながらボートピープルのようにして、日本列島に向けて押し出されて来たのではなかろうか。

もちろん対馬を中継とする海峡地帯は、さながら「海の道」のような状況を呈したことだろう。朝鮮半島と日本列島にはさまれる朝鮮海峡と対馬海峡のあたりは、けっして大海ではない。まわりの海と比べても浅海であるし、その気になれば、島から島、さらに陸地から陸地が展望できる。それに、年がら年中とはいかないが、季節により天候によりけりで、潮の流れも風も波も穏便である。朝鮮半島と本州日本列島との間は、まるで、イギリス海峡をはさむ大陸ヨーロッパとイギリスのようなものだ。ちなみに、「逆さ地図」（正確には「環日本海諸国図」一九九四年、富山県発行）なるものをご存じだろうか。そう、大陸側から日本列島を見るように南北を回転させた地図である。ただ逆さにしただけだが、日本列島は北部九州あたりで朝鮮半島とつながっているように見える。

†どれほどの渡来人が来たのか

弥生時代のなかば頃ともなれば、朝鮮半島と日本列島を往来するのは、さほど難しいことではなかったろう。あるいは日常的に人々が行き来する状況さえ生まれていたのではあるまいか。弥生時代の中期あたりの土器には、かなり大きな船（舟ではない）を描いたものが少なくない（たとえば、倉敷市城《しろ》遺跡で出土した壺には一〇〇人乗りほどの船の絵画）。重要な状況証拠ではあろう。中国に残る徐福《じょふく》伝説などについても、荒唐無稽なものと一蹴できないような状況が生まれていたのかもしれない。

ともかく対馬をはさむ海峡地帯だが、実際には、縄文時代の終わりの頃にはすでに、「海の道」のようなものがあったかもしれない。弥生時代が始まる前にすでに、水田稲作農耕が伝わっていたことからも想定できないことではない。おそらくは、水田稲作農耕というモノカルチャーだけでなく、雑穀栽培や根菜農耕も伝わったのかもしれないが、縄文時代の日本列島には、すでにそれらは存在した。芋類やゴボウやコンニャク、きびやあわや陸稲《りくとう》などもあった。だから、新たなる品種などで栽培種のレパートリーは増えたかもしれないが、詳細は不明である。あるいは、アテネにフクロウを持っていく必要はないわけで、取捨選択して水稲だけが伝わったのだろうか。それに支石墓《しせきぼ》などの文化的なものも伝わっていた。

たとえば篠田謙一（国立科学博物館）のミトコンドリアＤＮＡの研究。「縄文時代、朝鮮半島の南部には日本の縄文人と同じ姿形をし、同じＤＮＡ（型）をもつ人々が住んでいたのではないか」と論考している（二〇〇七）。

かくして弥生時代のなかばともなると、朝鮮半島と日本列島をつなぐ「海の道」は、たしかにありき、というところ。玄界灘や響灘の周辺に、たとえば壱岐《いき》の島、玄界灘に臨む唐津湾や博多湾の周辺、あるいは響灘を望む土井ヶ浜遺跡の界隈には渡来人の拠点があり、対馬が中継地となり、半島側にもいくつかの拠点があったのではなかろうか。先ほどの「逆さ地図」などを、よくよく眺めていると、そんな「海の道」のことが目に浮かんでくるのである。

そんな海峡地帯を越えて、弥生時代から古墳時代の初めにかけて、一〇〇万人以上もの人間が大陸側から渡来してきたのではないか、と試算したのが埴原和郎（東京大学）である（一九八七）。だが、そんな大規模な渡来人がいたとの仮説には、易々と乗れない。なぜならば、あとでも触れるだろうが、弥生時代の渡来人の分布が北部九州や中国地方に限定され、せいぜい西日本に及ぶ程度だったからだ。それに弥生時代の日本列島の人口は、たかだか一〇〇万人規模でしかなかったと推計されているからだ。いくらなんでも、一桁多いのではないか、と懐疑する。

いくら弥生時代になり、大陸側で人々がうごめき、航海技術が発達、渡海のノウハウが向上したといっても、まるでウンカが海を渡るがごとく海峡地帯を人々が渡ってきたとは、とても想定できそうにない。

†弥生時代人骨の出土地偏在性

ともかく「弥生人」はさまざま、彼らの顔立ちと体形には、ずいぶん地域性があるようだ。そこで、縄文人と「弥生人」との間で骨格を比較して、なにが似てなにが違うのか、その詳細を論じようとするとき、いちばんの隘路《あいろ》となるのが、「弥生人」骨の出土地に関わる問題である。どこで発掘された人骨を比較するのか、それによって、まるで異なったストーリーとなる恐れがある。

実際、弥生時代人骨の発見数は地域により非常に大きな偏りがある（前掲表6）。とても目をつぶって通り過ぎるわけにはいかない。

いくつかのポイントが浮かびあがるのだが、ともかく「弥生人」骨は、日本列島の各地で均等に見つかっているわけではない。これは当時の人口分布を正確に反映するわけではない。むしろ関係ない。ひとえに、人骨の残りやすさ残りにくさ、人骨を産出する墓地遺跡の発掘調査が進んでいるかいないか、さらには、甕棺《かめかん》とかに埋葬されているかいないか、などが大きな要因である。ちなみに、弥生時代を前期、中期、後期ほどに区分すると、前期で少なく、中期や後期で多くなる。こちらのほうは、人口増加とも関係することはまちがいない。

ほかの地域を圧倒し凌駕《りょうが》するのが、福岡平野のまわりをなす北部九州地域である。これまでに発掘された弥生時代人骨の全体の八〇％以上を占有する。それに次ぐのが、中国地方西部の沿岸域、さらに瀬戸内海周辺の中国地方である。これらだけで全体の九〇％以上になる。北部九州などは、数だけでなく、保存状態がよい人骨が多いことでも、ほかの地域の比ではない。

北部九州などの地域とは逆に、近畿地方や中部地方、さらには関東地方や東北地方など、本州の中軸をなす地域での「弥生人」骨の発見例が少ない。ことに東日本側で極端に少ないことは注目に値しよう。

くりかえすが、北部九州などで多く見つかるのは、弥生時代の遺跡が密集するからではない。たぶんに人口が大きい地域であったには違いないが、中国や近畿や東海などと比べて、人口密度に大きな違いはなかっただろう。いずれにせよ、これまでに発掘された「弥生人」骨の地域集中性は見事というほかない。

それとまた、もうひとつ見逃せないポイントは、「弥生人」のタイプにも地域偏在性が認められること。北部九州や西部中国で出土するのは、おおむね渡来系「弥生人」骨に区分される。つまり弥生時代人骨は、そもそも渡来系「弥生人」が集中した地域で集中して発掘されているわけだ。かくして、「弥生人」すなわち渡来系「弥生人」の図式が描かれかねない。大きな落とし穴と言えよう。

実際、北部九州とともに、弥生時代の重心があったと想定される近畿地方の状況は複雑きわまりない。渡来系「弥生人」とされる人骨も見つかるが、むしろ、それ以上の割合で縄文系「弥生人」の人骨が混在して見つかる。どうも一筋縄ではいきそうにないのだ。「弥生人」の実態を探る鍵は、まさに発見される人骨の地域性、どのタイプの「弥生人」がどこに多くいたのか、それらを詳細に解き明かすことにあるのではなかろうか。そこから縄文人と「弥生人」との関係を見なおしてみる必要があろう。

†渡来系「弥生人」の身体特徴

どうやら渡来系「弥生人」は実際に、北部九州や中国地方日本海沿岸などに集中していたようだ。ともかく、そのあたりの弥生時代人骨は一般に、ほかの地域の同時代人骨と比べると、いささか変わり者である。それと同時に、大陸方面の人骨と類似性を指摘されることが多い。

典型的な渡来系「弥生人」の顔立ちや体形に見る特徴は、たとえば縄文人と比較してみるとわかりやすい。縄文時代の後晩期と弥生時代の中期とは、その時間差は五〇〇年ほどでしかないが、両者の違いは五〇〇年分ほどの違い以上ではあるまいか。たしかに生活様式などが大きく違ったために、まったく異質であるのかどうか、いちがいには言えない。たとえば明治からこのかた一〇〇年くらいの間に、日本人の顔立ちも体形も大きく変わったが、それほども違わないのか、それ以上に違うのか、評価が難しいからである。

いわゆる渡来系「弥生人」では、縄文人について指摘した「鼻骨と下顎骨の法則」は認められない。鼻骨は小さく扁平気味であるし、下顎骨は骨太感が弱く、エラの張りも弱く、顎先が出ていない。それよりなによりも顔全体の形。縄文人のように寸詰まり顔ではなく、面長の顔である。顔の横幅は違わないのに、顔が上下に長いから、かなりの馬面なのである。それに応じて、眼窩が高く丸みを帯び、鼻孔（梨状口）が長いことから、目が大きく、鼻が長い。鼻の下も間延びした感じ。それに横顔がメリハリに欠ける。彫りの深い縄文人とは好対照をなす。眉間が膨らまず、奥眼でなく、鼻が前突しないので、のっぺりとした横顔なのである。ともかく並べて見ると、たやすく区別できるほどだ。

前歯の嚙み合わせは、縄文人のような「毛抜き状咬合」でなく、上顎の切歯が下顎のそれにかぶさるように嚙み合う「鋏状咬合《こうごう》」の割合が高い。全体に歯が大きめ、ことに犬歯や小臼歯が大きいことでも、縄文人らしくない。

成人男性の平均身長は縄文人よりも四〜五センチばかり大きい。大腿骨や脛骨の形状も縄文人のようではなく、脚部の走行筋が強くなかった様子がうかがえる。

同じ九州でも、西北九州（長崎県のあたりや島部）の「弥生人」は「まるで縄文人もどき」、縄文人と区別するのが難しい人々だったようだ。また南九州（鹿児島界隈と島嶼部）の「弥生人」は、顔立ちは縄文人的であるが、背が極端に低く、成人男性の平均身長は一五四センチほどと報告されている。それに大半のものが、後頭部が「絶壁」頭だったようだ。どうやら、これらの地域にも、渡来系「弥生人」が広がってはいなかったようだ。

もうひとつ重要な知見がある。同じ北部九州でも、弥生時代前期の頃の人骨は多く見つかってはないのだが、佐賀県大友遺跡と福岡県新町《しんまち》遺跡では、朝鮮半島から伝来した支石墓に眠る人骨が何人分か発見されている。どちらも「縄文人鼻」の風貌ばかりか、抜歯形式などの点でも縄文人との共通点が認められる。そう、縄文人似の「弥生人」なのだ。あるいは、北部九州でも弥生時代の前期の頃にはまだ、渡来系「弥生人」はいなかったか、少なかったのであろうか。

縄文人もどきの「弥生人」――もうひとつの作業仮説

私自身が関係した神戸市新方《しんぽう》遺跡の人骨は、とても重要な知見をもたらした。弥生時代の前期、さらに中期にかけての一〇人分ほどの人骨である。北部九州地域と同様、「弥生人」の渡来問題、さらには古墳時代人の身体特徴に関する問題を検証するのに最重点地域となる近畿地方で、まとまって発見された弥生時代人骨だから、たいへんに意義深い。

とても驚いたのだが、新方人骨のほとんどは、まさに「縄文人もどき」なのである。多くの縄文人的な特徴を有しており（たとえば、「鼻骨と下顎骨の法則」や歯のサイズや抜歯形式など）、ともかく、渡来系「弥生人」骨によりも、縄文人骨のほうに、はるかによく似る。このことと、これまでに近畿地方で発見された「弥生人」骨で得られた所見を総合すると、近畿地方でも、弥生時代の前期には渡来系「弥生人」がおらず、中期になってもまだ、縄文人似の「弥生人」が多くいたことを示唆する。

もちろん近畿地方でも、北部九州や中国地方とは異なり、弥生時代人骨の発見例が少ない。だからまだ、はっきりした物言いは慎まねばなるまい。だが、この地方の「弥生人」についても、定説のように唱えられる渡来人重視の仮説とは別の新しいシナリオを用意するときが来たのではあるまいか。

このシナリオの骨子はこうだ。①縄文時代が終末期を迎える頃、大陸方面からの文化（金属器など）や生活様式（水田稲作農耕など）の新たなるアイデアが伝来した。それらにアクセスできた縄文人たちは、それらを積極的に取り入れた。そうすべきなんらかの必然

図6 「弥生人」（新方遺跡1号人骨）の頭骨（神戸市教育委員会所蔵）

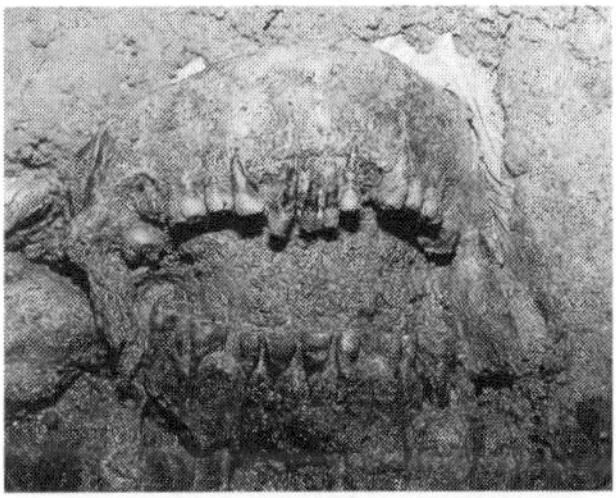

表7 ある近畿地方「弥生人」の肖像

埋葬法	土壙墓、俯臥伸展葬
性別と死亡年齢	男性、壮年の前半（20〜30歳）
顔立ち	大きな鼻骨、重厚な下顎、鉗子状咬合で縄文人似
体形	身長157cm前後、下半身が発達
健康状態	良好、虫歯などは無し
常食物	不明（咬耗は弱い）
風習抜歯	上顎の犬歯を抜歯、下顎については不明
着装品	右手の第2、第3、第4指に鹿角製の指輪
副葬品	腰まわりに猪の牙
死因	不明、近くに石鏃が刺さる遺骨あり

性（たとえば気候の寒冷化などにより）が生じたためではあるまいか。かくして弥生時代が始まった。②そのなかば頃になると、船が発達し、海峡地帯に「海の道」ができて、渡来人が少なからず来るようになり、北部九州から日本海沿岸域にかけての一帯に定着し、その地域の縄文人と混合した。それが渡来系「弥生人」である。

③もちろん、両者の混合の波は、瀬戸内海や日本海沿いに伸びた「海の道」経由で近畿地方あたりまで波及しただろうが、生活文化が変革したほどには強くなく、北部九州や日本海沿岸以外では、むしろ縄文系「弥生人」のほうが主流だったのではないか。④たとえ渡来系「弥生人」の移動や混血が目立つほどでなくとも、生活の総体が大いに変わったのだから、人々の身体特徴は次第に変容していった。つまり戦後の日本人に起こったのと同様な現象が生起した。

⑤同時に、生産力が向上したなどの理由で出生率が高くなり、離乳食の改良などで幼児死亡率が低下したために、どんどん人口が増加していった。もちろん混血の効果もある程度、ことに西日本の人口が増加するのに寄与しただろう。⑥こうした一連の出来事が連鎖し複合したことの成りゆき、著しく人口が増加、弥生時代の初めと終わりとで比べると、人々の顔立ちや体形が違うという現象が生じたのではなかろうか。

まとめるとこうなる。「弥生人すなわち渡来人なり」「新しい文化をもたらした渡来人が弥生人の成り立ちに強く影響した」と考える仮説は、まるで定説のようにみなされることが多いが、「弥生人」の多様性、地域性を考察すると、いささか単純すぎるきらいがある。彼らの実態を描くには、新たなシナリオを作るべく、リセットする必要があろう。

もちろん渡来人は少なからずいた。北部九州などの渡来系「弥生人」骨が、その証拠である。その地理的な分布から、海峡地帯にあった「海の道」を経由して渡来したことはまちがいない。しかし実際には、弥生時代よりも、次の古墳時代のほうが、渡来人は多く存在したかもしれない。舶来した文物の多さも、そのことを物語る。

†「縄文人顔か弥生人顔か」は粗雑な二分論

いずれにしても弥生時代に、人々の生活様式、社会のありかた、文化の内容などが激しく変わった。しかしながら、それは人間が入れ代わったことを証するわけではないだろう。人間の頭の中身が変化していったのである。はたして「弥生人」もまた、日本列島で生まれたのだ。あるいは、基本的には縄文人をベースに変容してきたのだ。そんな言いかたも許されるのではなかろうか。

このように生まれた「弥生人」こそが、倭人なのであり、いわゆる日本民族、つまりは狭義の「日本人」の根幹をなすこととなった。だから「日本人はなに者なのか」を考える日本人論を展開する上での重要な鍵を提供する。

おそらく倭人は、縄文人が各地域でさまざまに変容した縄文系「弥生人」を基盤とした。そこに、北部九州から日本海沿岸部にかけて住み着いた渡来系「弥生人」が重なった。続いて、そのあたりを中心に両者が混合して生まれた混血「弥生人」が加わった。これらが混成した総体こそが「弥生人」、あるいは倭人なのである。ことに西日本では、弥生時代の後期頃に世相が激しく騒擾《そうじょう》し、いっそう複雑な「弥生人」の人間模様が生まれたのではなかろうか。

そうだとすれば、倭人あるいは「日本人」の内訳は、一方で縄文人の流れを強く受け継ぐ人々がいた。その対極に渡来人の系譜につながる人々がいた。そして、さまざまな形で混合する大勢の人々がいた。そんな構図となろう。ともかく、大小色とりどりのビー玉を混ぜるがごとき文化の混合とは異なり、人間の混合は油絵の具をかき混ぜるようなものである。なにがどう混ざったか判定するのは難しい。「縄文人系か渡来人（弥生人）系」か、あるいは「縄文顔か弥生顔か」など、よく耳にする「日本人二分論」など、とても無理筋なのではなかろうか。

そもそもが、すでに縄文人にして単純ではない。いくつかのルートで日本列島にやってきた人々の複合。それに対して渡来系「弥生人」のほうは、もう少しはシンプルかもしれない。それでも、その人々の起源がどことどこにあったのか、たやすく答えられそうにはない。そんな複雑な流れが、世代を重ねるごとに曼荼羅《まんだら》模様を描くように混合してきたわけだ。「在来系か渡来系か」とか、「縄文系か弥生系か」とか、そんな輪切り論法で日本人論を展開するのは、いかにも乱暴にすぎるだろう。そんな粗雑な二分論は、ときに偏見や差別につながりかねない。よしたほうがよいに決まっている。

†殺傷痕に見る戦乱の時代——倭国の大乱

倭国とか、卑弥呼とか、邪馬台国論争とかのことなどは、とても畏れ多く、あまり近づきたくはない。それに古代史のことについては、私は無知蒙昧のかたまりのような者だから、通り一遍のことしか知らない。しかしながら、弥生時代から古墳時代にかけての日本列島、ことに西日本にあったらしい「倭」の国のこと、「倭人」のこと、いわゆる「魏志《ぎし》倭人伝《わじんでん》」などで伝えられる「倭国の大乱」のことには、少しばかり触れておきたい。

実際、古人骨の研究に照らすと、「倭」の時代の世情、「倭人たち」の人物像などのようなものが、リアリティたっぷりに見えてくるのだ。たとえば弥生時代の後期頃から続いていたとされる「倭国の大乱」のこと、その時代に勇猛に戦を交えた戦士の実像などについては、架空の国の出来事、遠い過去の時代の出来事、と、空想するのではなく、現実味をたっぷりと調味して語ることができる。だが残念ながら、卑弥呼などの特定の人物のことを語るには、私たち「骨屋」は、たしかに非力にすぎる。

実のところ、弥生時代の遺跡では、いわゆる「殺傷痕《さつしょうこん》」を刻まれた人骨が発見される例が、けっして少なくない。「殺傷痕」とは、死のみぎわにできた利器鈍器等による傷跡のことである。これが骨に残っていれば、その骨の主が、なんらかの事件にまきこまれ、怪しげな出来事により死亡したことを意味する。「切った張った」が原因で亡くなったことを物語る。生前にできた傷の痕、死亡前後の傷、白骨後の損傷を区別するのは、さほど難しいことではない。「治癒機転《ちゆきてん》（骨が損傷を癒《いや》し旧に復するはたらきのこと）があるか否か」、「傷のできかた」、白骨に特有な損傷傷の状態などにより、容易に判定できる。

わけても弥生時代の中期や後期の遺跡では、俄然、「殺傷痕」をもつ受傷骨《じゆしょうこつ》の事例が多くなる。この時代の人骨が偏って多く出土する北部九州だけでも、これまでに二〇〇以上の発見例があるらしい。詳しくは中橋孝博（九州大学）の『日本人の起源』（二〇〇五）などを参照されたい。石鏃《せきぞく》が刺さる骨、剣で斬られたり刺されたりした骨、武器の切っ先が残る骨、首を離断された骨などが報告されている。ただごとならざる数であり、おどろおどろしい事例が多い。

なかでも、福岡県筑紫野《ちくしの》市にある隈《くま》・西小田《にしおだ》遺跡（弥生時代中期）の埋葬骨では、とりわけ高い頻度で受傷骨が見つかっている。ある特定時期に限定すれば、男性人骨の半分近くにもなるという。まさしく戦死者が埋葬され、そうした人たちの遺骨ではないか、との推測がなされている。

そうした「殺傷痕」をもつ人骨が大量に見つかったことで、とりわけ有名なのが、鳥取県青谷《あおや》上寺地《かみじち》遺跡である。弥生時代後期の溝状の遺構に堆積するような状態で大量の人骨が見つかった。井上貴央（鳥取大学）らは、一つひとつの骨を取り上げ、洗浄、仕分けするなど、気の遠くなるような作業に従事して、一〇〇人分以上に及ぶ五三〇〇点ほどの骨を数えた。そのうち一三〇点以上の骨で傷痕を確認したという。これらの傷は、身体各部の骨におよび、大小さまざま、態様もさまざまであったそうである。その大多数を「殺傷痕」と認定した。

まことにおぞましい情景を想像せざるをえない。おそらくは大規模な争いごとにより大勢の人が殺戮されたのだろう。その戦場近くに設けた溝のなかに、その人たちの遺体を無造作に埋葬した。そんな現場だったのではなかろうか。あるいは戦で散った無名の戦士たちを弔った集団墓地だったのかもしれない。それが二〇〇〇年近く経った今、神のおぼし召しのごとく発見されたのだろう。もちろん「倭国の大乱」と結びつけるのは、軽率の誹《そし》りをまぬがれないだろうが、まさに『後漢書』の記述などから想定されるのと同じ頃、実際に争乱が、倭人の国でくりかえされていたことを物語るなによりの証拠と言えまいか。ちなみに、ほとんどは成人男女の骨だったようだ。

†戦乱の時代背景

そのほかにも弥生時代の遺跡からは「殺傷痕」、あるいは、それらしき刃傷沙汰による傷をもつ人骨が、怪しげな状況で見つかることが珍しくない。実際に私たちが鑑定したものでも、兵庫県新方遺跡や奈良県四分《しぶ》遺跡などの人骨は、たしかにそのようだ。ほかにも、いくたびか言及した山口県土井ヶ浜遺跡などでも、あるいは佐賀県吉野ヶ里《よしのがり》遺跡でも怪しげな状況で亡くなったことを示す人骨が少なくないらしい。

ことほどさように、弥生時代後半、西日本を中心に、さながら戦国時代のごとき世相があり、血なまぐさい出来事が蔓延していたようだ。この点、その前の縄文時代とは対照的である。もちろん縄文時代の遺跡からも、ごくごくまれには、なんらかの刃傷沙汰で死を迎えた者の骨が見つかるが、あくまでも個人的な諍《いさか》いによる死か事故死の類が死因であろうと考察できる。けっして、弥生時代の殺傷人骨でいだく張りつめたような空気、不気味な世相を思い浮かばせるがごとき匂い、不穏な争乱状況などをしのばせる印象はない。たしかに、弥生時代の遺跡からは、組織的な争いごと（つまりは戦争）などが多発した状況を連想させるような物的証拠が少なくないのだ。
ともかく弥生時代、ことに後半になると、おぞましき「殺傷痕」をもつ人骨の発見例が多すぎる。おそらく当時の武器では、骨にまで深く傷がつくのは、せいぜいのところ実際の戦死者の何分の一かそこら。なのに、たとえば青谷上寺地遺跡や隈・西小田遺跡のように、数十人分もの受傷人骨が見つかる遺跡がある。吉野ヶ里遺跡では、死亡前後に首を刎ねられたのではないか、と推測できる「首なし人骨」例もある。

図7　四分遺跡の土壙墓

若い成人男性と妙齢の女性が互い違いに埋葬されている。同時に2人の死者が出たという事態がうかがわれる（奈良文化財研究所提供）。

最後に、その当時、「弥生時代の戦乱」、あるいは「倭国の大乱」に向かった倭人の時代の流れを考察してみよう。
①ともかく最初は、水田稲作農耕を基盤とする経済が伝来し浸透、金属器などの新しい文

化が輸入されたことにより、著しく生産性が向上し人口支持力が大きくなることで、徐々に人口が増加していった。

②それに続き、海峡地帯に面した北部九州やその周辺一帯に少なからぬ渡来人が来ることとなり、彼らや彼らと混血した渡来系「弥生人」の人口増加率が高くなり、北部九州から中国地方の日本海沿岸にかけて、いささか人口密度が高い地域ができた。

③人口の増加とともに社会の緊張が高くなり軋轢《あつれき》が増し、集落がクニや国として連合、あるいは利害関係が増幅され、たがいに敵対関係を強めていった。

④その当然の成りゆき、さまざまな社会不安が昂じて、あるいは緊張の糸が切れて、クニや国が領地や利権を争うこととなり、北部九州、瀬戸内海、山陰、近畿の一帯では世相が大いに乱れた。

⑤卑弥呼が女王に推挙されて邪馬台国が生まれ、やがては国家組織（日本国）へと向かっていくこととなった。弥生時代の終わりから古墳時代にかけては、そんな時代、まさに激動の時代であった。人間も社会も激しく動き、社会的な緊張が沸騰点に近づく地域が多くなり、武力衝突がくりかえされる「戦乱の時代」でもあったのだろう。

コラム3 弥生時代には大型船があった

最近、広島県福山市の御領《ごりょう》遺跡で出土した弥生時代後期（二～三世紀）の土器片に船が線刻されているのが見つかったそうだ。刳《く》り舟に波浪を防ぐ舷側《げんそく》板を貼りつけた準構造船のようであり、屋根のある船室（キャビン）を備えているという。まるで、ポリネシア式カヌーのようではないか。

弥生時代の多くの遺跡で、すでに当時、かなり大きな航海船（船であり、舟ではない）が存在していたことを物語る遺物が見つかっている。たとえば、船の絵である。奈良県唐古《からこ》・鍵《かぎ》遺跡などの、土器に描かれた二〇例以上の線刻画。鳥取県青谷上寺地遺跡などでは、木製品絵画。滋賀県赤野《あかの》井《い》浜《はま》遺跡や福岡県潤地頭給《うるうじとうきゅう》遺跡などでは船の一部の遺存物などが報告されている。

弥生時代の終末期から古墳時代にかけては、準構造船の全体構造を推測できるような遺物が、大阪府久宝寺《きゅうほうじ》遺跡などで見つかっている。古墳時代になると、全国のあちこち、おびただしい数の古墳などで船形埴輪《ふながたはにわ》が記録されている。さらに「魏志倭人伝」には、倭人の船利用について記されているそうだ。

いずれにせよ、弥生時代にはすでに立派な船が実際に存在し、「海の道」を行き来していたことに相違ないだろう。さらに古墳時代ともなると、馬などの大型動物さえも乗船させることができるような大型船まで使われていたのではないだろうか。朝鮮海峡と対馬海峡あたりの海峡地帯、瀬戸内海、日本海沿岸などに「海の道」が縦横していたことは疑うべくもない。

ある程度の航海が可能な船があり、気候条件や気象条件を知りつくし、潮目を読み、風を読みとる知恵さえ身につければ、当然のこと、人的交流にはげみ、交易に物流にはげむのが、人間のさがというものだろう。

ともかく、弥生時代から古墳時代にかけての倭人の頃、日本列島をめぐる人と物の往来は俄然、活発になっていったようだ。海の彼方に外界が強く意識されるようになり、世界観が一挙に拡大し、異なる文化や技術や社会が身近になり、それらに対する関心が高まっていったのだろう。

第4章 古墳時代人

1 階層分化による身体変化

古墳時代——日本人の成立前夜

古墳時代とは、言うまでもなく、土を高く盛り上げるか、小高い丘の上かに墳墓《ふんぼ》（古墳）が造られた時代である。もとより、日本の考古学研究がもっとも盛んな時代である。あまり下手なことを言うと、考古学の研究者たちから石のつぶてが飛んできそうなので、まずは常識的なところにとどめておく。

古墳が出現するのが三世紀、最盛期となるのが五世紀、終末期を迎えるのが七世紀ということで、三世紀から七世紀にかけての時代と考えてよい。これらの世紀は、それぞれが日本の「古代」国家が成立する節目として重視され、七五三論争と呼ぶらしい。つまりは、いちばん最初の国家の成り立ちを、三世紀の邪馬台国だと考える説と、五世紀の倭の五王時代と考える説と、七世紀後半の律令国家の確立期と考える説とがあるらしい（都出《つで》、一九八九）

いずれにせよ、古墳時代は「古代」国家の成立に向けて画期となったわけで、つまりは「国家成立前夜」の時代である。だから日本民族が形成された時代でもある、と言えよう。かくして、古墳時代人は、「国家成立前夜の人々」ということになるから、日本人の成立を考えるに重要なポイントとなろう。

千年一日がごとき縄文時代や、喧々《けんけん》怱々《そうそう》たる弥生時代とは、まるで異質な古墳時代だが、古人骨が眠る墓地の性格は特異的である。ともかく規模が大きく派手で、壮大で、目を引く。ときに奇抜でもある。和田晴吾（立命館大学）が言うように、「人々の「生」が他のどの時代よりも、より直接的に「死」と向かいあっていた時代」だったのかもしれない。

この時代を生きた人々の人物像は、どうであっただろうか。これは難問である。私には悩みがつきない。ともかくは、縄文人の面影を探すのがたいへん難しくなる。倭人の時代の前半が弥生時代、後半を古墳時代とすると、まだ前半の弥生時代の頃には、「縄文人もどき」と言えるような人々があちこちにいたが、後半の古墳時代になると、そうした人々の姿が消える。弥生時代から古墳時代にかけての倭人の時代に、なにがあったのだろうか。

†古墳時代の墓地と被葬者たち

この時代になると、墓の埋葬施設と地上施設ともに、弥生時代の頃のものと比べて、大なり小なり、あれこれと工夫がこらされるようになる。また、その歩みを早めた階層分化への動きにともない、墓制の面でも社会秩序が表されるようになり、墓の格差が促進したようだ。日本列島に巨大墓時代が始まる。

巨大な前方後円墳や、大小の王墓や首長墓や豪族墓から、有力者の箱式石棺墓《はこしきせっかんぼ》や、一般庶民のものとおぼしき土壙墓に至るまで、さまざまな墓が階層別に墓域を異にして営まれるようになった。大規模な共同墓地も多くなった。なかでも、五世紀の頃から全国各地に現れた横穴墓群《おうけつぼぐん》の墓域のスケールは圧倒的である。有力農民たちを埋葬したのだろうとされているが、丘陵地の谷合い傾斜面に蜂の巣のように掘削されて造営され、さながら団地墓である。近畿から東海にかけては、改葬（二次埋葬、再葬）墓が多いが、死者を次々に直埋葬《じかまいそう》した例も少なくない。

非常に珍しい墓では、円筒埴輪《えんとうはにわ》棺《かん》などがある。私自身、神戸市舞子《まいこ》浜《はま》の松林に埋まるも

図8　古墳時代人のイメージ

のに納められた人骨を鑑定したことがあるが、近くの五色塚《ごしきづか》古墳で並ぶ埴輪が二つ合わせて埋葬用に使われている。その古墳のものと同じ規格の円筒埴輪だ。特定の職能グループ、たとえば埴輪製作の工人たちの遺骨ではないかとのことだが、寡聞にして、その根拠はよく知らない。

いずれにしても、倭人の時代の後半、古墳時代になると、死者を埋葬する墓における階層化が目を見張るべきものとなる。それにともない被葬者の間で身体特徴の違いが見られるようになる。いちばんわかりやすい身長で比較すると、大型古墳の被葬者は一般に高身長で、ときに一七〇センチ近くにも及ぶ被葬者がいたようだ。この時代にしては、まことに高身長。まるで、ガリヴァーの巨人国に住む人たちのようであったに違いない。

しかるに、各地の豪族墓の男性被葬者の平均は一六〇センチあたりの身長であり、横穴墓に埋葬された者は、それを下まわる。成人男性の平均は一五八センチほどか。さらに円筒埴輪棺などの特殊埋葬器に納められた者には、成人男性でも一五五センチ以下の背丈の者もいたようだ。社会構造の複雑化に伴う階層分化が、いっそう顕在化し、身体現象として表れていたことの証左となる。

†大型古墳の被葬者たち——高身長の特権階層

ことに奈良県を中心とする近畿地方は、邪馬台国から大和王朝が生まれる過程で、日本史の中心舞台となる地域である。だが実は、とびきり古人骨が残りにくい土地柄でもあるから、日本史の節目となった倭人の時代、ことに弥生時代から古墳時代にかけての頃にいた人々の実像については、よくわかっていない。そのため、綱渡りのようになるが、この地方の倭人の人物像を概観してみたい。

とくに注目すべきは、この地域、奈良県やその周辺にある大型古墳の被葬者たちの身長が特異的に高いことである。たとえば、古墳時代後期の藤ノ木《ふじのき》古墳の場合、男性被葬者二人の身長はいずれも一六五センチを超えると推定できる。終末期のマルコ山古墳や高松塚古墳の男性被葬者も一六五〜一六七センチと推定できる。大阪府の阿武山《あぶやま》古墳や兵庫県の新宮東山《しんぐうひがしやま》古墳の男性被葬者の身長も一六七〜八センチほどもの背丈であったことが判明している。いずれにせよ、さほど例数が多くはないのが悩ましいところだが、これらの身長推定値は刮目《かつもく》に値しよう。

今でこそ、一六五センチほどの身長の男性は珍しくない。むしろ平均よりは、だいぶ低いのだが、長い日本人の歴史においては、これは相当なる高身長である。それに同時代の横穴墓や円筒埴輪棺墓などに埋葬された人たちの値と比べれば、その違いは歴然としている。あるいは、この時代の初め頃、邪馬台国などが存在した頃、近畿地方を中心に中央集権的な西日本大王国のような政治体制が確立され、特権的な階層が顕在化し、たとえば、そのなかで完結する婚姻システムが生まれていたことを物語るのかもしれない。

おそらくは、こうした特権階層が目立つようになったのは、近畿地方を中心とする地域の特色だったのではなかろうか。ほかの地域では、それほどの高身長の被葬者は大型古墳でも多く見つかっていないことから、そうした大胆な推測が許されよう。やがて、そうした特権層の身体特徴は、奈良時代や平安時代の貴族階層に引き継がれるとともに、さらには、中世の有力氏族にも受け継がれていくことになったのだろう。

2 渡来人の影響

†顔立ちの変化は混血よりも社会構造の変化によるもの

倭人の時代の前半にあたる弥生時代、「海峡地帯」の列島側、北部九州から土井ヶ浜遺跡のあたりにかけて、渡来系「弥生人」と想定すべき人骨が大量に見つかるようになり、その地域の特殊性が目立つことはすでに述べた。また、そうした傾向性を示す範囲が瀬戸内海や日本海沿岸あたりにも伸び、渡来系「弥生人」の混合融合が周圏的に波及、彼らの影響は弱いながらも、近畿地方あたりまで及んだであろうとも述べた。

つまり、一方で「渡来人」が集中した「海峡地帯」の列島側にある北部九州などの地域があり、彼らの身体的な影響が多少なりとも及んだ瀬戸内海から日本海沿岸、近畿畿内にかけての中間地域がある。

その一方で、西北九州や南九州、四国、中部地方より以東以北の地域では、渡来系「弥生人」の影響が認められない。つまりは日本列島人の身体特徴に、はっきりとした地域性が生まれることになった。もちろん、どれほど水田稲作農耕による生業基盤が定着したか否かが原因だろうが、渡来人の浸透による影響も無視できまい。

倭人の時代の後半にあたる古墳時代においても、人々の身体特徴は、多かれ少なかれ変容したようだ。ひとつは、骨格の骨太さ・頑丈さが減じたことであり、ひとつは、めざましい変化が顔立ちに起こったことである。

この時代に生じた身体変化は、王族や貴族の大型古墳、地方豪族の古墳、横穴墓などの集合墓、あるいは円筒埴輪棺などの間で、それらに埋葬された人たちの身体特徴が趣きを異にすることである。今並べた順に変化が大きい。身長の違いと符合する。つまりは、人々の身体特徴に階層分化が生まれることとなった。

こうした骨太さや顔立ちの変化、階層性のパターンが生まれた変化は、渡来人による混血や混合がその主要な要因でなかったことはたしかである。なぜならば、骨組みの変化も顔立ちの変化も、骨格の構造に関わる変化、つまりは生活様式の変容などに起因する変化だからである。それに、大型古墳や豪族古墳の被葬者の変化はともかく、庶民墓などに埋葬されるクラスの人々の間に、渡来人の影響が強く浸透したとは思えないからである。

社会構造が様変わりしたことにより、人々の身体は変貌したのであろう。すなわち時代性なのであり、現代日本人の間で生じた時流化と同じものと考えるほうが理にかなう。

†常民の骨格と顔立ち

古墳時代でいちばん目につくのが、縄文人や「弥生人」の骨格で見られた骨太さ・頑丈さが目立たなくなったことである。もちろん、大型古墳の被葬者などでは、この傾向が非

図9　古墳時代人の頭骨と復顔像（滋賀県高島市教育委員会所蔵、株式会社京都科学撮影）

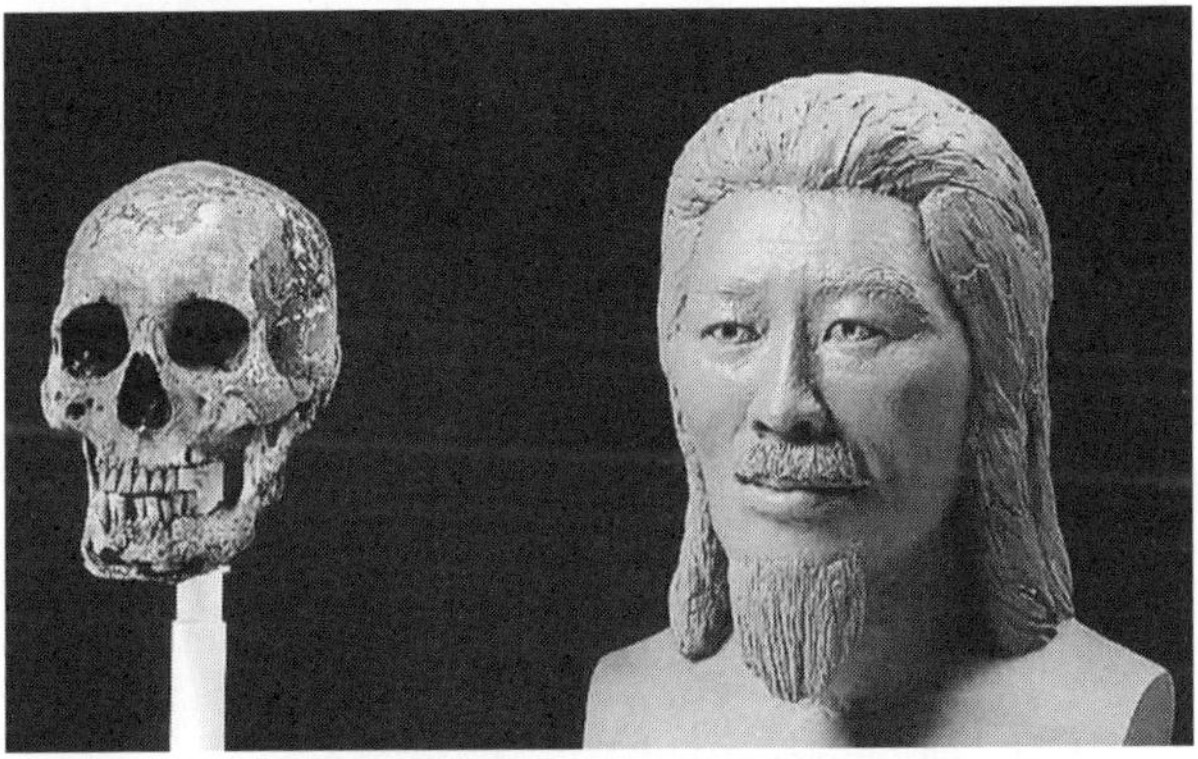

表8　ある古墳時代人の肖像（上の写真とは別人）

性別と死亡年齢	男性、壮年の前半（20〜30歳）
顔立ち	詳細な検査はできないが、骨細で貴人の面影
体形	身長164〜164.5cm 前後、スリムで華奢
健康状態	乳幼時の発育状態、歯の健康状態ともに良好
疾患歴	思春期の頃に落馬などのため、足の甲に重傷
常食物	おそらくは軟弱な食物を常食か（咀嚼筋弱し）
身体活動	特別な重労働に携わった痕跡はなし
身体習慣	右利きの可能性が大、蹲踞面あり

常に顕著であるが、常民墓の埋葬者では、さほどではない。むしろ縄文人や「弥生人」の骨格と、大型古墳の被葬者のそれとの中間、そんな傾向であるが、それでも前者とは、ある程度には識別できるほどである。

顔立ちの変化も常民墓などの埋葬者では、大型古墳の被葬者ほどには目立たず、縄文人や「弥生人」の延長線上に位置づけられなくもない。それでも骨格の頑丈さなどは、肉眼でも、縄文人や「弥生人」のそれとは容易に区別できるほどである。

顔立ちについて言えば、たとえば前歯の嚙み合わせ。縄文人で一般的だった毛抜き状咬合（鉗子状咬合《かんしじょうこうごう》）は、全体の七〇％ほどで見られるなど、依然として多数派であることに変わりないが、大型古墳の被葬者では、それが一気に少なくなる。のちの日本人で一般的な鋏状咬合が多くなるのだ。それに加えて、下顎のエラの部分の前ほどにある凹み（角前切痕）が多く見られるようになる。さらには、顎の先が細く尖り気味の下顎骨をもつ者や第3大臼歯（智歯）が萌出《ほうしゅつ》しない者の割合が多くなる。

これらの特徴はいずれも、顎の骨の大きさや頑丈さが減じたためである。たとえば生の獣肉などをがぶりつく習慣が減ったりしたのかもしれないが、子供の頃に食物をがむしゃらに咀嚼するようなことがなくなったのか。それがゆえに、よく発達した強靭な咀嚼筋が軟弱化していったことに起因するのだろう。

筋肉と骨格とは連動して強くもなり弱くもなるから、咀嚼筋の軟弱化に伴い下顎骨が退化気味に小柄になったのである。咀嚼筋のひとつである咬筋《こうきん》が弱くなり、エラの部分の張りが減じたために、角前切痕が目立つようになった。同時に、下顎骨全体が小型化したために、上顎と下顎の切歯部の釣り合いがとれなくなって、上顎切歯が下顎切歯にかぶさるように咬合する鋏状咬合が多くなった。同時に、第3大臼歯（親不知）が生えるためのスペースがなくなり、この歯が形成されないか、あるのに、萌出しない割合が増加した。

これら下顎骨の骨細化や退縮現象に伴う顔面骨の変化は、生活様式の変化に起因する。なかんずく、食物の硬さが減じたことに起因する。大王クラスの者で鋏状咬合が多くなり、常民クラスでは、まだ毛抜き状咬合が多い理由も明らかで、階層分化により生活レベルの違いが大きくなり、階層性が目立つようになったのであろう。

それでは、常民クラスの人々の顔立ちは、どのようなものであっただろうか。鈴木尚《ひさし》が指摘するように、案外、人物埴輪で見るような顔立ちが多かったのかもしれない。この種の人物造型から古代人の顔を云々したくはないが、ことに横穴墓などから出土する人骨には、そんな顔を彷彿とさせるものが妙に多いのも、また事実である。

ともかく、横穴墓などから出てくる人骨で復原できる人物像は、大型古墳や豪族古墳の被葬者のものと異なり、いかにも庶民的。寸詰まり傾向の顔が多いこと、縄文人ほど顔の彫りが深くなく、なんだかぼんやりとした印象が強いこと、両眼の間が広く扁平であること、鼻と口もとがこぢんまりとしていること、下顎も目立たずエラも張らないこと、などなど、ともかく慎ましさが滲み出るような顔立ちである。ことに大型古墳の被葬者の顔立ちが、総じて長めで鼻筋が通るのとは、大きな違いである。

†倭人の時代――のちの日本人に向けての身体変化の画期

このように弥生時代から古墳時代にかけての「倭人の時代」は、縄文人の時代から、のちの日本人の時代に向かうターニングポイントとなった。日本列島人の身体特徴が大きく変化する画期となったのである。

その前半の弥生時代、大陸から伝来した水田稲作農耕が大いに普及した。人々の身体特徴に地域性が生まれたが、まだ階層性は目立つほどには強くなく、時代変化ということで言えば、まだ道なかばの状態。後半の古墳時代になってようやく、身体特徴においても、階層性のようなものが認められるようになったわけだ。また、のちの中世や近世の日本人を特徴づける顔立ちや体形、いわば日本人性のようなものが萌芽した。

かくして地域性、階層性などが生じ、日本人性のようなものが萌芽してきた。されども、そうした身体現象が生起した要因は、もちろん一様ではない。

たしかに地域性に関しては、北部九州あたりに多く定着した渡来人の影響が大きかったことは疑えない。しかし、のちの日本人の身体特徴を表する日本人性については、単純ではない。かならずしも縄文人と渡来人とが混合して、足して二で割ったようにして生まれたわけではない。縄文人が培ってきた土着生活、新たに伝来した文化と社会の仕組み、それらと日本列島に独特の気候風土とが融け合い、化学反応を起こすことにより、大陸各地では類を見ないような生活様式が育まれたことによる産物ではなかろうか。その意味で、縄文人が生まれたのと同様、倭人の日本人性も日本列島に固有な地勢、気候、風土などのたまものと言えよう。

その一方、階層性については、むろん渡来人が存在したことと無関係ではないが、先住の縄文人と彼らとの混合の有無や多寡などとは無関係な身体現象であろう。すなわち、国家形成のプロセスや社会構造の複雑化から生じたものである。のちに中世や近世となり、土地所有制度や荘園制度や領土制度が複雑化し、あるいは封建制が強化されるとともに、たとえば通婚圏が狭くなるなどして、いっそう増幅強化されていったようだ。それは近世の江戸時代が終焉するまで続いたが、近代になると逆に曖昧化していき、太平洋戦争後は、一気に瓦解したようだ。

†古墳時代の渡来人の数

ちなみに倭人の時代、海峡地帯に開けた「海の道」を通り、多くの人間が行き来したことはまちがいない。おりしも、その前半は地球規模で寒冷化した時期にあたる。その影響もあり、東アジアでは大規模な民族移動が起こった。その波が日本列島にも及んだわけだ。

はたして、どれほどの数の渡来人が日本列島に来たのだろうか。ちょぼちょぼと水道の口を開くような出来事にすぎなかったか。あるいは、押し寄せるほどの「うねり」となったのだろうか。

いわゆる「日本人二重構造論」のモデルが提案された頃には、弥生時代から古墳時代の初めにかけて、およそ一〇〇万人以上の渡来者があったのではないか、と試算されたりもしていた。しかしながら、そもそも弥生時代の人口が一〇〇万人規模でしかなかったことを考慮すると、いくらなんでも多すぎるのではないだろうか。一桁は違うのではないか、と懐疑するゆえんである。

古墳時代の終末にあたる七世紀、六六三年に、百済再興のために日本の援軍が唐と新羅の軍により白村江で大敗したとき、百済の敗残兵が二〇〇〇人から三〇〇〇人ほどの規模で日本に亡命したという（関、二〇〇九）。さらに、五世紀から八世紀の頃の渡来人は、せいぜい総計は一万人ほどで、奈良時代の日本の総人口六〇〇万人程度に比べれば、はなはだ少なかったであろう、との推測もあるようだ（鈴木、一九八三）。その程度と考えるのが妥当ではなかろうか。

それが古墳時代の渡来人の数だったとすると、その前の弥生時代に一〇〇万人規模の渡来人を想定するのは、いかにも過大評価の感が否めないのではないか。

コラム4

藤ノ木古墳の人骨は誰か

奈良県の名だたる大型古墳の調査においては、被葬者は誰かについての論争が喧《かまびす》しい。古代史や考古学の専門家や愛好家などを捲きこんで、ときに、たいへんな騒ぎとなる。装飾壁画で有名な明日香村の高松塚古墳やキトラ古墳、さらには斑鳩町《いかるがちょう》の藤ノ木古墳などが、その典型である。

私の場合、藤ノ木古墳の調査が特に印象に残る。一九八八年秋に実施された石棺《せっかん》の開棺調査が当時、まるで社会問題のような騒ぎになった。その調査に私自身も深くコミットした。ともかく連日連夜、調査の成りゆきや、やや先走りの感のする被葬者論争が報道を賑わせた。いまでも、あの喧騒は不思議でならない。なぜ、かくも熱くなるのか。

どれほど有名な古墳であろうと、実際には被葬者の特定は容易でない。たとえ言い伝えや伝承の類が残っていようとも、千何百年も前のしろもの、時間の風化により、怪しげな風説と化していることが多い。それに碑銘などが見つからないから、たいていは誰を埋葬したかわからない。古墳の在地や規模、埋葬施設の考古学的調査、かすかな文字史料の専門的な検討などにより、被葬者候補に目星をつけるのが関の山。被葬者問題は永遠のテーマであり続ける。

被葬者の遺骨も重要な一役をになう。それを調べるのが私たち「骨屋」の役目である。細かく検査分析することにより、被葬者の人物像を描く手掛かりを探す。つまりは、被葬者のプロファイリングを行う。性別、死亡年齢、背丈や体形や体型を推しはかるわけだ。でも、そうした人物像から被葬者を特定するのは、あくまでも考古学者や古代史家、特に古代史家の役目である。

藤ノ木古墳は、奈良県斑鳩町にある大型の円墳《えんぷん》（直径四八メートルほど）。非常に珍しい未盗掘古墳であり、築造年はともかく、六世紀終わり頃に死者が埋葬されたらしい。横穴式石室の奥に置かれた家型石棺が開棺調査されたとき、豪華絢爛たる種々の副葬品などとともに、二人の被葬者の遺骨が見つかった。それら副葬品の華々しさ、大王家や有力豪族の墳墓と想定されたことから、その調査は激しい報道合戦に曝され、考古学の周辺だけでなく、テレビの茶の間でも大騒ぎとなった。「昭和の最後のイベント」と評する大家もいたものだ。

その秋、私自身は毎週一日、開棺調査に参加した。その後も二年ばかり、二人の被葬者の遺骨鑑定で大忙し。さらに池田次郎（京都大学名誉教授、私の師匠）と協同で、公式報告「斑鳩 藤ノ木古墳調査報告書」（一九九三年発行）の人骨編を執筆した。その時点ですでに、二人の被葬者の人物像が、かなり詳細に推測できていた。どちらも石棺に直埋葬されたこと（骨が改葬されたのではなく）、どちらも男性であるらしいこと、かたや二〇歳前後、かたや壮年（二〇～四〇歳）の年頃で死亡したこと、両者とも大柄高身長ながら、さほど逞しくはない身体特徴の貴人然とした人物の亡きがらであることなどが判明した。「男性と女性」ではなく、「男性と男性」が同棺合葬されていたことは、世間的にある種の驚きを提供したようだ。

この「男性と男性」鑑定に、考古学者のなかには「戸惑い」をくすぶらせた向きがあったらしい。はっきりとした反論を寄せる方はいなかったが、報告書が出て一五年を経た二〇〇八年になって、副葬品の玉類を理由に、北側被葬者と南側被葬者のうち、ことに後者は女性の可能性があるとの異論が唱えられた。そこで二〇年以上の時を経て、私は南側被葬者の遺骨分析を重点的に再検討した。

その結果、公式報告書の鑑定をさらに補強できた。まず、足骨《そっこつ》群の踵骨《しょうこつ》（かかと骨）と距骨《きょこつ》（あしくび骨）と中足骨《ちゅうそっこつ》（甲の骨）の検査から、南側被葬者の骨は「男性性」が非常に強く、「女性骨である可能性がほとんどない」ことが判明した。また、推定身長の点でも補強材料を得た。すなわち、中足骨の長さから生前の身長が一六六・五センチばかりと推定でき、当時の男性（平均一六〇センチほど）では高身長の部類に入り、女性の平均（一五〇センチ未満）は凌駕する。ともかく、「女性骨ではありえないだろう」との結論に達した。

藤ノ木古墳人骨の検査は、被葬者の人物像について、次のような知見を提供できる。①二人の人物が合葬されたこと、②両者の遺体が直埋葬されたこと、③男性と男性であったらしいこと、④一人は二〇歳の頃、一人は幾分か年長で三〇歳前後で死亡したこと、⑤どちらも当時としては高身長だが、どちらかと言えば華奢な体形であったこと、⑥ついでに言えば、両者ともにＡＢＯ式血液型がＢ型だったこと、などなど。要するに、若い年頃で逝去し、背格好がたがいに相似して、出現頻度の低いＢ型血液型を共有する近しき関係にあった二人の男性が被葬者の人物像として浮かびあがる。

ちなみに同時埋葬と考えるのが、多くの考古学者の見解である。ならば、若い二人の男性が時を同じくして死亡したことを示唆する。社会的にも特別に近しき関係にあったはずだ。さらに、石棺のサイズが大きめであることから、あるいは出来合いの古墳に急遽、ただごとならざる事情で死亡した、特別な関係にある二人の貴公子を埋葬したのかもしれない。

第5章 「中世人」・近世人・近現代人

1 「中世人」

✝本家本元の「日本人」

日本で律令制度が実施され、中央集権的な律令国家となった八世紀の初頭こそ、正真正銘の日本人の時代が始まった時期と考えてよい。畿内の豪族集団が全国の土地と人民を官僚制度によって支配するようになった、その頃のことである。

これまでのところでは、「日本列島人」としたり「日本人」としたりと、曖昧に書き進めてきた。あるいは、旧石器時代人、縄文人、「弥生人」、古墳時代人、倭人などの役者を登場させてきた。

これからは、いよいよ国民的統合概念としての本家本元「日本人」が主人公となる。「日本人の歴史」を標榜する本書は、やっと日本人の時代に入る。

これまでは、すぐ前が「倭人」の時代（古墳時代と弥生時代）、さらにその前が「縄文人」の時代（新石器時代）、そして「旧石器時代人」の時代だったわけだ。この後は今にいたるまで、日本人の時代としていいようなものだが、二〇世紀に入った頃から、あるいは終戦後は、「現代日本人」として、別枠にしたほうがよいだろう。それが身体史観（Ⅱで詳述したい）で「日本人の歴史」を展開するときの胆《きも》なのである。

なぜなら今の日本人は、歴代の日本列島人とは、顔立ちや体形など身体特徴の面で、あるいは地域性や階層性など身体の多様性の面で、ともかく様相が異なりすぎるからだ。容貌が異様にすぎる。背丈が高すぎる。顔が小さすぎる。そのわりに鼻が高すぎる。脚が長すぎ足が大きすぎる。顎が小さすぎる。後頭部が絶壁にすぎる、などなど。数えあげたら、およそきりがない。それに、身体特徴における地域性とか階層性による違いのようなものが曖昧にすぎるし、なさすぎる。そのかわりに一人ひとりの個性が強すぎる。個性のレベルでの多様性が大きすぎるのだ。

いずれも悪いことではないのだが、一九世紀の頃までの日本人とはあまりにも違う。現代人はいわば「超日本人」とでも呼んだらいいのだろうか。日本人の歴史のなかでは、相当な変わり者であることは、まちがいない。縄文人とは逆方向にユニークなのである。そう思わない人は、おそらくは時代劇ドラマの見すぎではないか、と思う。タイムトラベルでもして、中世でも江戸時代でも明治でも行かれたら、すぐに理解できることなのである。もちろん、古人骨を比べるのでもよい。

ともかく身体史観的には、旧石器時代人から新石器時代人（縄文人）、倭人から日本人、さらに現代日本人へと、日本人の歴史は流れてきた。

†奈良・平安時代は冬の時代

さて、律令国家となって以降の奈良・平安時代を、歴史学では古代と呼ぶことが多い。私はこれに違和感をおぼえる（詳しくは第7章第3節を参照されたい）。本書では、奈良・平安時代の人々を、鎌倉・室町時代の人々とあわせて「中世人」と呼びたい。

話が前後するようだが、ことに鎌倉時代の頃から、江戸時代の終わりの頃にかけて、日本人の顔立ちや体形、つまり身体特徴は、とても味わい深いかどうかは別にして、とても時代性が顕著である。一口で述べると、ひどく背丈が低い。頭が長い「才槌頭」、口部が突き出る「おちょぼ口」や「反《そ》っ歯」（歯槽性突顎《とつがく》）などが目立つ。また、男の人は「小太り」、女性は「ぽちゃん」体形の人が多い。それに階層分化や身分制と関係するような多様性が顕著である。

ところで、日本人の歴史において、奈良・平安時代は実は「骨屋」には、とても退屈な時代なのである。なぜかというと、十分な研究の対象となるような古人骨資料が質・量ともに乏しい。もちろん、墓は多く見つかっているが、人骨が残っていないか、みじめな残りかたをしたものばかり。それに、仏教が普及したことと関係するのか、火葬骨が多いために、粉々の状態のものが少なくない。そもそも火葬骨は、荼毘《だび》に付されるときに高熱を受けるから、収縮、捩《ねじ》れ、ひび割れ、瓦解してしまい、顔立ちや体形を推しはかるには、いかにも役者不足なのである。

われわれ「骨屋」の徒には、この時代は冬の時代、隙間だらけ、あるいはダークエイジ（暗黒時代）である。この時代の古人骨研究のことを語るのは、さながら「冬の旅」をすることにも似ている。昔、トルコの発掘調査に参加したとき、専門家の人たちが「トルコ史における紀元前千年紀（三〇〇〇～二〇〇〇年前）はダークエイジであり、たしかな研究が希薄」と言っていたのを思いだすが、日本人の研究では、まさに奈良・平安時代こそが、それに相当する。

この時代の古人骨としては、近畿地方、ことに丹後地方や京都府八幡《やわた》市周辺にある横穴墓、静岡県森町《もりまち》にある横穴墓に埋葬されたものを調べさせてもらったことがある。さらに奈良県、京都府、兵庫県、滋賀県に散らばる何カ所かの火葬墓の人骨を検案したことがある。横穴墓は山間の斜面に設えられた団地墓であり、古墳時代の後期や終末期の頃から八世紀前後の年代が想定されている。かろうじて、この時代にかかるわけだが、ともかく、これらも含めて考えよう。

森町の天王ヶ谷《てんのうがや》横穴墓群と宇藤《うとう》横穴墓群は大規模なもので、合計六八基の横穴墓が発掘調査された。ほとんどが改葬（再葬、二次埋葬）墓であることから、七世紀から八世紀初頭の頃に造られた可能性が高いとされる。すでに内部の骨が消滅した墓が多く、複数埋葬された墓を含めても、最少個人数（ＭＩＮ）は六四人分であった。もちろん死亡年齢や性別などが判定できるのは、さらに少なく、三五人分ほどでしかなかった。そのうえ改葬墓であるから、身体特徴について、とても満足のいくデータは得られない。

丹後地方のものは数人分、八幡市のものも改葬骨だから、とても寂しい。火葬骨にいたっては、かすかにでも特徴がわかれば、御の字の万々歳。ないものねだり、そんな資料ばかりだが、ともかく仕方あるまい。

†奈良・平安時代人の身体特徴

ともかく、この時代の人々の身体特徴については、かくも慎ましき人骨資料から、手探りするほかない。

結論から申すと、先に挙げたような鎌倉時代や江戸時代の人々で見られる身体現象については、この時代の人骨ですでに、その兆しが感じられる。たとえば、背丈が低く、頭が前後に長く、口もとが突き出し気味の人の割合が多くなるという印象がうかがえる。あるいは「日本人性」とでも言えるような、狭義の意味での「日本人」的な顔立ちや体形での特徴が目につくようになる。

ともかく身長が低い。成人男性で一六〇センチを上まわると推定されたのは、宇藤横穴七号墓人骨の一六四センチくらいのもので、あとはみな、それを下まわるほど。おそらくは、平均で一五五センチを超える程度だっただろう。もちろんのこと、女性の平均身長も低く、一四五センチほどである。どちらも、後のほうで出てくる江戸時代の人々、たとえば京都町民の平均身長と変わらないほどである。ともかく人々の身長については、その前の弥生時代や古墳時代よりも低く推移した様子が、たしかにうかがえる。

頭が前後に長く、いわゆる「才槌頭」をした人が多くなるのも、この時代の人々の特徴である。一般に顔の幅が広く高さが低い「寸詰まり」の丸顔の人が多くなる。縄文人も幅広の低顔であったが、縄文人の場合は、下顎骨が横に張り、頬骨が張る「四角」顔であった。つまり、縄文人とは大いに異なる相貌、江戸時代の町民顔と同じ丸顔なのである。そもそも、縄文人のように、骨太の大顔、大鼻で大顎の「骨太顔」ではない。いわゆる「日本人」タイプの顔と頭である。

　頭骨の横幅を計り、前後径を計り、前者を後者で割って百倍した値を頭蓋長幅示数《とうがいちょうふくしすう》と呼ぶ。昔ながらの人類学では、まるで伝家の宝刀のごとき扱いをされていたが、これは便利な数字ではある。上から見た頭の形が数値化され、容易に比較できる。日本人の歴史では、古墳時代の頃までは、たいてい「中頭型《ちゅうとうけい》」であったが、鎌倉時代から江戸時代にかけて、いわゆる「長頭型《ちょうとうけい》」が多くなる。そして明治以降、だんだん短頭化して、戦後は「過短頭《かたんとう》型《けい》」の人が大半を占めるようになる。すでに奈良時代の頃には、中世人や近世人にかけての長頭化の兆しが感じられる。

　このほかにも、鎌倉時代や江戸時代の人々で特徴的な顔立ちが見られ始める。たとえば、左右の眼窩《がんか》の間の幅が広いこと、鼻骨が小さく隆起が弱く、ときに凹《へこ》んだように見えること、など。ともかく、この時代から一九世紀の頃までの日本人の骨組みには共通する特徴が少なくない。狭義の「日本人」と一括りするゆえんである。

ちなみに、平安時代の絵巻物に描かれた人々の顔立ちは、全体に平坦で扁平、左右の眼が細く、眼の間が広く開き、鼻の付け根が平たく、鼻の高まりが弱いなど、すでに、江戸時代人の原型のようなものが認められる。

鎌倉時代から戦国時代にかけての身体特徴

この時代の古人骨を詳しく体系的に調べた経験はない。わずかに、近畿地方各地の孤立墓で発見された人骨、奈良県や兵庫県の山城内《やまじろない》の墓地で見つかった人骨群、大阪府高槻《たかつき》城内の墓地に葬られた人たちの骨、京都府舞鶴市田辺《たなべ》城の堀に埋もれた人骨群などを鑑定する機会をもった程度である。

このうち、高槻城内の骨は高山右近に縁のある人たちのものかもしれない、と教えられたことを憶えているが、もちろん詳細は定かでない。たしかな検査を施すには、いかにも骨の保存が悪すぎた。田辺城の堀の人骨群はバラバラで、何人分のものとも想像できないほどの混乱状態であった。ただ一つ、斬首され、しかも骨の片側が刀で傷つくほどの下手くそな首切りを受けた者の下顎骨があったことを、二〇年以上経った今でも思いだす。

ともかく、これらの古人骨は概して、ひどく悪い保存状態だった。たいして多くのことは言えないが、共通しているのは、小柄で細身の骨格が多いこと、頭骨が前後に長い傾向にあり、後頭骨がポコンと出るような才槌頭が多いこと、一般に顎骨は華奢な傾向を示すが、口もとが強く出る（歯槽性突顎）こと、目もとがノッペリと平坦であること、虫歯は多くないが、歯周症や歯石が多く認められること、などである。成人男性の平均身長は一六〇センチをきる程度。いくぶん低めに推移したようだ。いずれも、次に鎌倉人骨で指摘されるようなことばかりである。

鎌倉時代の古人骨と言えば、なんと言っても、鎌倉市の材木座や由比ヶ浜で出土した大量の受傷人骨である。新田義貞が一三三三年に鎌倉攻めをして、鎌倉幕府を滅ぼしたときの戦死者の遺骨らしい。いくたびか発掘調査が実施され、合計すると、おそらくは何千人分かにのぼる。私自身も一九九二年頃の発掘に立ち会ったが、まさに累々と重なる人骨の山には、さすがに身が引き締まる思いがした。

そのうち、材木座で出土した九一〇人分の骨を調べた鈴木尚（東京大学）の検査結果を要点だけかいつまんで紹介すると、以下のとおり。①頭骨が前後に長い長頭型が過半数を占めるために、平均頭蓋長幅示数が七四ポイントほどと著しく小さいこと、②総じて、反っ歯（歯槽前突、あるいは歯槽性突顎）の傾向が著しいこと、③上下顎の前歯（切歯）の嚙み合わせが、大部分の人で鋏状咬合であること、④顔が広く、鼻骨が平坦で低く、鼻根の隆起が弱い傾向にあること、⑤四肢骨の形態が現代的（註、明治期の日本人であって、本書で言う「現代日本人」ではない）であること、などなどである。

頭蓋長幅示数の平均値は、実は、日本人の歴史では記録的に小さい。今の西欧人なみに長い頭をしていたことを意味する。現代日本人の示数は八五〜九〇ポイントほどであるから、上から見た頭の形は、今の日本人はサッカーボールのようだが、鎌倉時代人はラグビーボールのようだった。そんなたとえをすると、わかりやすかろう。

これらの特徴はいずれも、次の江戸時代人と共通する。

2 近世人

†江戸時代の身体特徴

さすがに江戸時代人ともなると、古人骨資料にはことかかない。保存状態もよいものが多いから、当時の人々の身体特徴については、たいへん多くのことが判明している。人口密度の高さとも関係して、旧江戸の都市内で出土した人骨が多いが、ここでは、私たちが詳しく研究した京都の伏見人骨での成果をもとに話を進めたい。この人骨資料のことは、コラム7を参照されたい。

成人の平均身長は、男性で一五八センチほど、女性で一四四センチと推定できた。生前の身長と相関が強い大腿骨や脛骨の長さを計り、日本人用の身長推定式なるものを適用して求めた一人ひとりの推定身長を平均した値である。それと一緒に得た標準偏差なる統計量を勘案すると、江戸時代京都町民の男性の九割方は一六六〜一四九センチ、女性は一五二〜一三六センチほどに収まったろうと推計できる。

なんとも低い。なにしろ、今の中学生高学年ほどの身長。でも、おそらくは、そんなもの。ほかの江戸時代人骨の研究でも似たような数値が報告されている。実は、日本人の歴史において、江戸時代人の背丈の低さは記録的であった。一八〇センチもある男優が闊歩する時代劇ドラマなどの人物像が、いかに非現実的かわかるだろう。

それなのに頭骨は、顔面部も頭部も現代日本人より大きい傾向にある。顔面は低く幅が広く、頭部は長く幅が狭い。つまり、大顔で大頭、長頭、寸詰まりの丸顔の人が多かったことがうかがえる。

ただ顔型については、少数派だが、上下に長い高顔《こうがん》（長顔、馬面顔）の骨もあり、個性あふれる。江戸の人骨で指摘される高顔の「大名顔」「貴族顔」「役者顔」も少しはあり、いわゆる低顔《ていがん》丸顔の「庶民顔」とのバラツキが大きい。葛飾北斎などの人物画でも低顔と高顔のコントラストが描写されているが、あるいは伏見人骨には、高僧か、公家さんの血を引くか、役者筋にあたる人たちの骨もあるのかもしれない。どの骨も、上下の前歯が前だし気味の歯槽性突顎（反っ歯）、後頭部が突き出す才槌頭（たいていの現代日本人は、その逆の絶壁頭）、低身長が目立つ。この傾向は、低顔頭骨、高顔頭骨ともに認められる。

四肢の長骨（脚や腕の骨）は、ともかく短い。この傾向は、大腿骨や上腕骨よりも下腿《かたい》や前腕の骨、さらに足や手の甲をなす中足骨や中手骨で顕著である。つまりは上下肢ともに、先（遠位）に向かうほど相対的に短い。「胴長短脚」（「胴長短足」よりは論理的）の体形である。加えて、寸胴《ずんどう》気味の人が多かったのか、体重の推定値が信じられないほど大きい（過大推定の可能性が大だが）。このため、現代人が気にするＢＭＩ（Body Mass Index）は、軒並み、危険水域とされる二五・〇を超える。ちなみに、六頭身（頭部の高さで身長を割った値）あるかないかのプロポーションが平均的だったようだ。現代日本人とは比べるべくもない。

ともかく顔立ち体形ともに、いわゆる「日本人」の典型のようであった。

†江戸時代人の食物事情と生活環境

話は転回しすぎるようだが、江戸時代の京都町民の食物事情や生活環境のことなどについて、伏見人骨を調べることで判明した事柄をいくつかしたためたい。

まずは食物事情について。なにを日常的に食していたのだろうか。ことに、なにを主要な蛋白質源としていたのだろうか。先に、縄文人の章で述べたように、この問題にアプローチするのに有力な方法となるのが、人骨の炭素・窒素安定同位体分析（食性分析）である。これまでに、世界各地の古人骨に適用されて、その汎用性、客観性、有効性が確かめられている。

コラーゲン蛋白がよく残る約三〇人分の人骨を分析した。その結果、以下のような事柄が明らかになった。まずは、C3植物（米、および菜っ葉もの植物）と淡水産か海産かの魚介類が主要な蛋白質源となっていたこと、蛋白質源に占める陸上動物の割合が小さかったこと、当時の農村部と違い、粟・ひえ・きびなどの雑穀類を多くは食していなかったこと、男性のほうが女性よりも魚介類を多く摂取していたこと、などなどである。また、この分析の副産物として、赤ん坊の乳離れが遅く、二〜三歳ほどの離乳年齢であったことが推測できた。

ともかく、魚介類の消費量は案外と多かったようだ。おそらくは、琵琶湖や近くの河川で獲れた魚や貝、鯖街道などを通った海産物を日常的に食していたのだろう。米を主食としたこと、動物食が少なかったことは、文献記録とも合致する。また、男性のほうが魚介

図10　江戸時代人骨（伏見城跡遺跡出土、藤澤珠織氏撮影）

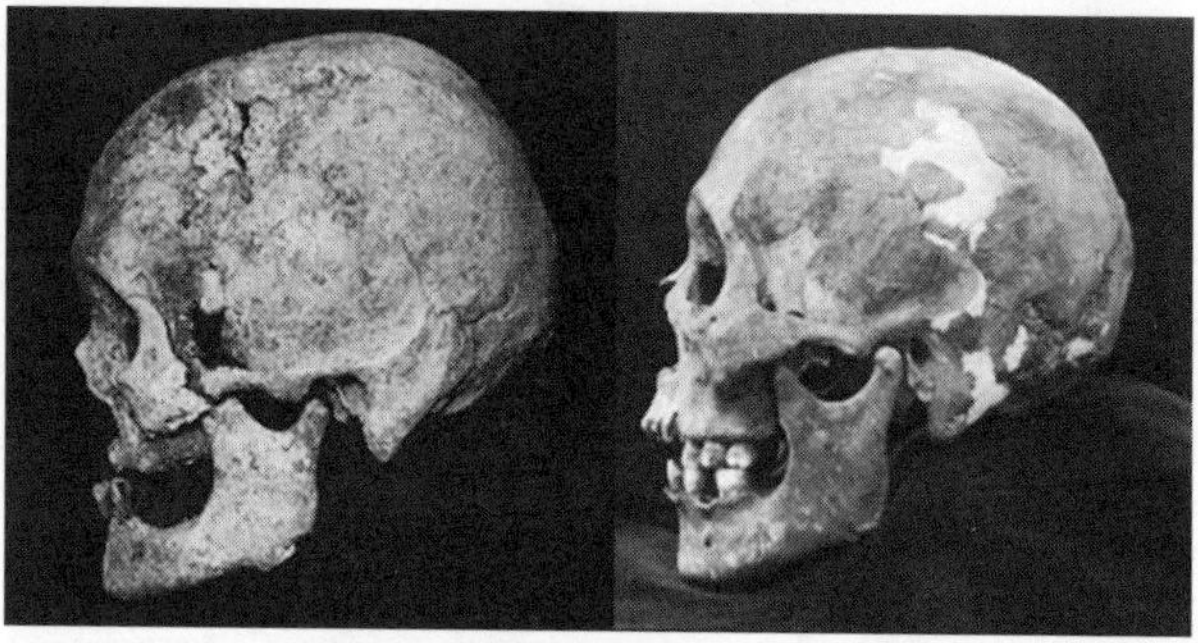

表9　ある江戸時代の京町民の肖像

性別と死亡年齢	男性、40～50歳
顔立ち	寸詰まりの丸顔、反っ歯ぎみの口もと
体形と体格	身長157cm、小太りで胴長短脚
健康状態	虫歯が多く、ストレス・マーカーが顕著
疾患歴	第三期の梅毒が進行中
常食物	米飯に焼き魚、野菜を具にした汁物、香の物
身体活動	家内労働に専念したのか、加齢変化が進行
身体習慣	右利き、蹲踞面が顕著

などの動物蛋白類を多く摂っていたことは、それらが上等の食物と考えられ、男性優位の社会であったことと関係するのかもしれない。離乳年齢が遅かったことを示すのは新知見である。あるいは、現代日本人の身長が飛躍的に伸びた理由のひとつに牛乳などの普及があったことを示唆する物種となろうか。

米飯と焼き魚、野菜を具にした汁物、それに香の物。それが日常食、案の定、江戸時代の町民は慎ましき食事情にあったことを物語る。

次に生活環境に関することで、特筆すべきことがひとつ。骨中の鉛分濃度が測定され、たいへん興味深い事実が判明した。

江戸時代を通じて、骨の鉛濃度は現代人よりも高い水準にあった。ことに女性と子供では、中期から後期にかけて死亡した者の骨で高くなる傾向があり、なかには、とびぬけて高い値を示す骨があった。ちなみに、犬の骨も人骨と同様に高い濃度を示したが、猪や豚の骨では現代の水準と変わらなかった。

これらの結果が意味することは明白である。江戸時代、京町民の生活空間（おそらくは都市部のどこでも）では鉛汚染の問題が潜在していた。ことに後半になると、その汚染の程度が増した。女性のほうが男性よりも汚染度が高かった。また、それは人間にとどまらず、人間の身近にいる犬などにも及んでいた。

それでは、なにが原因として考えられるか。まっさきに挙げられるのが、鉛白粉《なまりおしろい》である。当時の白粉は鉛を成分にしていた。元禄期以降、白粉問屋が販売網を拡大させたなどの記述が見られるように、当時の世相を反映して、ことに武家や商家の女性たちの間では白粉塗りが流行したのではあるまいか。もちろん、白粉だけが原因ではなかろう。建物の装飾や錆止めには、鉛丹《えんたん》という赤褐色の顔料が用いられたようだし、陶器類の釉薬《ゆうやく》に、膏薬《こうやく》や丸薬の糖衣のために、鉛が多用されたようだ。

鉛汚染は、どれほど深刻な影響を人々の身体に及ぼしていたか。どんな経路で体内に浸透したか。いずれも残念ながら、よくわからない。おそらくは水事情の悪さが影響し、飲料水を回路するなどして、街じゅうが広く汚染されていたのだろう。ともかく、江戸時代の町民文化が円熟するほどに、鉛汚染が強くなった。まさしく江戸文化は「鉛白粉の文化」だったのだ。そんなことまで、人骨は教えてくれる。

†江戸時代人の健康白書

さらに飛躍して、江戸時代人に特徴的な病気のことについても触れておきたい。どんな病気が人々を苦しめていたのであろうか。いくつか驚いたことがある。ひとつは、虫歯が多いこと。ひとつは、梅毒が猖獗《しょうけつ》をきわめていたこと。さらには、脊椎骨《せきついこつ》の老年性の加齢変化が目立つことである。

ともかく、齲歯《うし》（虫歯）、歯周症（歯槽膿漏）、根尖膿瘍《こんせんのうよう》（歯髄炎）などの歯科疾患を患ったことを示す人骨が多い。それに歯石が沈着した歯が多いのは、まだ歯磨きの習慣が総楊《ふさよう》枝《じ》で磨く程度でしかなかった江戸時代のこと、なにも不思議ではない。どうも腑に落ちないのは、虫歯が多いことである。なにしろ、やたらと多い。全部で一〇〇〇本以上調べた歯のうち、ごくごく軽いものを含めると、三割ほどの歯で虫食いの痕が認められる。現代人よりもはるかに高い割合である。どう解釈するか、なんとも悩ましい結果ではある。

江戸時代、ことに江戸、大坂、京都、堺などの都市部では、砂糖の消費量が格段に増加、市民の間でも嗜好物として定着したらしいが、それを反映するのもたしか。また、一般に歯の咬耗が弱いことも関係するだろう。調理法が洗練され、軟弱な食べ物が普及、食べ物の水洗が徹底されるようになって砂混じりの物を食べなくなり、虫歯ができやすい咬合面の溝などがいつまでも残り、虫歯に停年のようなものがなくなったからだろうか。

ここで話題を転じよう。京町民の運動量、というか身体活動量を評価するために、各人の骨折経験の頻度や、高齢者の加齢性骨変化の程度を調べてみた。ちなみに、骨折の有無を調べるのは難しいことではない。骨折が治癒する際に生じるある現象（治癒機転）のため、その部分が肥厚して残る。それに整形外科が未熟だった時代のことだ。ときに骨が変形したまま残る。自然治癒した跡は肉眼でも見当がつくが、X線で調べればパーフェクト。

結論を申せば、京都の町民では骨折を経験した人が、目を見張るほどに少なかったようだ。たしかな例が何件か散見できたにすぎない。あるいは、彼らの静かな暮らしぶり、骨を折るほどに重労働に携わる者や、激しい肉体労働に従事する者が少なかったことを物語るのかもしれぬ。

高齢者の骨では、現代人以上に加齢性の関節炎や骨粗鬆《こつそしょう》が進行している。あるいは、早くから隠居したりして、運動量が極端に減少するとか、寝たきりになる人が多かったとか、体重超過の年配者が多かったとか、が、理由であろうか。なにしろスポーツジムなどなく、ジョギングもしない時代のこと、加齢とともに、まるで坂道を転げ落ちるように、骨が弱まっていったことだろう。

†梅毒の蔓延

伏見人骨で鑑別診断できる病変のうち、もっともおどろおどろしきは、なんと言っても梅毒（トレポネーマ症）によるものである。この病気は、近年は性病として悪名高いが、南太平洋の地域で、同類のスピロヘータを病原菌とし、似たような症状を呈する「ヨーズ」は性病ではなく、垂直感染（母子感染）で伝播する。

この病気は、骨では脛骨に原発、その後は四肢骨の多く、さらには頭骨に及ぶ。脛骨などの四肢骨では、特有の骨変化（骨髄炎）をきたし、ことに骨幹《こつかん》と呼ばれる部分が膨張したようになる。頭骨では、破壊的病変（苺腫《いちごしゅ》）を示すようになる。これらは第三期梅毒、病勢が悪化、骨にまで達したときの症状である。

梅毒と言えば、性病の代名詞のように俎上に載ることが多いが、江戸時代の頃、性的な接触だけで感染する病気だったかどうか、疑わしい。そもそもは、アメリカ大陸で風土病だったが、コロンブスの頃に西欧に伝播、たちまちのうちに、インドやアジアに広がったとの仮説が有力である。

中国に拡散後、すぐに日本にももたらされ、一五一一年に上方で大流行、翌年には江戸でも猛威をふるったようだ。その後、ことに江戸の町では冬場の火事のようにありふれたものとなり、下町を中心に珍しい病気ではなく、唐瘡《とうがさ》（湿毒、タウモ）と呼ばれた。実際、旧江戸周辺で出土する人骨では、たいへん多くの報告例がある。多くの文書や記録類からも、はしか（麻疹《ましん》）、インフルエンザ、結核（労咳《ろうがい》）、コレラなどとともに、梅毒が猖獗をきわめていた様子を推量できる。

当然のこととはいえ、伏見人骨でも梅毒疾患の痕跡をもつ骨が多く見つかった。ことに、熟年（四〇～六〇歳）の年頃で死亡した男性骨で多かった。少なからぬ男性が梅毒に感染して発症、その多くが熟年の頃に亡くなったことを意味する。重度か軽度かを問わねば、検査可能な成人骨五六人分のうち、一九人分もの骨で梅毒の病変が認められた。男性骨に限れば、三六人分中、なんと一七人分で認められた。それに対し女性骨では、二〇人分のうち二人分だけ。それに軽微な症状であった。この、はっきりとした性差はなにを物語るのだろうか。

あるいは、感染する機会や条件の多寡によるものか。つまり男性は、みだりに性接触するなどして、感染する機会が多かったことを意味するのか。ともかく、当時の男女の風俗行動の違いなどを探る上で興味深い。

かつて、オランダの軍医ポンペ（一八五七〜六二年に長崎に滞在）は『日本滞在見聞記』のなかで、「美しき国、日本。だが、その国民全体が恐るべき病、梅毒の蔓延にさらされている」といった旨のことを記している。ともかく当時は、国民病的な様相を呈しており、ことに都市部では猛威をふるっていたことを示唆する。

†江戸時代人の一生

伏見人骨は六〇〇人分以上にのぼるから、平均寿命（正確には、出生時の平均余命）など、まことに意義深い人口現象を読み解くことができる。

ここでも最初に結論を述べると、①乳幼児の死亡率が一四％ほどと高かったこと、②八〇歳以上の高齢まで生き、長寿を全うする者も少なくなかったこと、③女性では、二〇歳から四〇歳を超えるあたりの年頃で死亡率が高かったこと、④男性では、四〇〜五〇歳代で死亡率が高かったこと、⑤男性のほうが女性よりも長生きの傾向にあったこと、⑥平均寿命は四〇歳ほど、まだ「人生わずか四〇年」の時代であったこと、などなど。そんな事柄が読みとれる。

このうち、①については、これが実は人間という動物の本来の姿に近い。これが相場なのだ。近代までの日本人では、未成年の死亡率は全体の半分近く、さらに、その半分が乳幼児死亡率だったようだ。要するに、現代の乳幼児死亡率の低さこそが低すぎるのであり、まさに医学の発達のたまものなのだ。②については、たとえ江戸時代であろうと、当然のこと、高齢まで生きる者はいたということだ。けっして不思議なことではない。

むしろ注目すべきは、③④⑤である。男女の間で死亡リスクの高い年齢区分が違っていた。女性の場合、壮年者の頃に死亡率のピークがあったわけだが、これは妊娠と出産による危機（出産クライシス）以外に考えようがない。現代の医療技術が発達するまでは、女性にはつねに、妊娠と出産に関わる重い試練がつきまとった。それは、「死と隣り合わせの命をかけた生の営み」であり、「命定め」であったのだ。男性の場合、熟年者で死亡率が高かったのは、いくらかは梅毒が原因となったのであろう。現代と違い、女性のほうが短命だったことは、いかに出産クライシスが大きかったかを如実に物語る。

もちろん「人生わずか四〇年」と言っても、その年頃で誰も彼もがバタバタと亡くなっていたことを意味しない。幼少で亡くなる人が多かったから、平均値が大きく下方に引きずられただけのこと。長生きする者は長生きした。そもそも現代人と、何十年か前までの人々との間で「平均寿命」を比較することじたいが笑止千万、ナンセンス。実際、江戸時代の町人たちについても、五五歳に達した者の平均余命は一五年ほど、つまり七〇歳ほどの寿命であった。

江戸時代の京町民の一生には、彼らが通過したか通過しかねた「人生の曲がり角」があった。ともかく三つほど命の分かれ目、人生の曲がり角があったようだ。

最初のものは、乳幼児の頃、五歳くらいまでの年頃であった。インフルエンザや麻疹などの犠牲者が少なくなかっただろう。いわば「幼い命の損失」。三歳、五歳、七歳を迎えることは、ともかく「めでたき哉」。あるいは「七五三の祝い」の謂われなのだろうか。二つ目は女性の二〇～四〇歳の頃、すなわち出産クライシスによるもの。三つ目は男性の四〇～五〇歳の頃、あるいは、この厄こそ「厄年」の謂われなのかもしれない。

3 近現代人

†近世人から近代日本人へ――通婚圏の拡大

これでひとまず、日本人の歴史に登場する役者は出そろったように思う。

明治期から終戦期の頃までの近代日本人については割愛したが、顔立ちや目鼻立ちなどの容貌、体形や体格などについては、近世の江戸時代人の延長のようなもの。明治初期に訪日した西欧人などが描いたような「薩摩型」や「長州型」、あるいは「武士顔」や「庶民顔」の人物像でイメージできよう。

近世日本人から近代日本人に向かうとともに、ささやかな身体現象は生じた。ひとつには、身分制や封建体制の強化によって増幅されてきた多様性、つまりは身体特徴の構造性が徐々に弱まり輻輳化していったことである。身分制は曖昧になってきた。封建体制も確たるものではなくなってきた。そのため、人々の多様性は、そのスペクトラムは変わらずとも、その構造性が次第に見えにくくなるほうに向かっていった。

いっそう都市化が促進され、ますます人々の移動が活発になった。その成りゆきで、日本人の地域性にも攪拌《かくはん》現象のようなことが生じた。また、中世から近世にかけて、ドツボに嵌《はま》るように小さくなっていた通婚圏が拡大することとなった。その結果、生物の雑種強勢が起こるように、わずかずつではあるが、平均身長が増加、平均的な体格が増大していったようだ。

本書で言う「倭人」から「日本人」への変化、中世人と近世人の身体特徴、さらには近世人から近代人への身体変化について、ことに身長の変化、頭形や顔形の変化などについて、通婚圏の縮小や拡大による「近交弱勢」や「雑種強勢」をキイワードにして説明しようとしたのは、わが師、池田次郎（京都大学）である。中世人や近世人で背丈が低めに推移し、頭が前後に長くなったのは、通婚圏が縮小したため、近代人になり、いくぶんか、その逆の身体変化が起こったのは、通婚圏のしばりが緩んだため、と考察した（池田、一九八二）。日本人の身体変化を、政治・社会情勢との絡みでうまく説明できそうだ。

まだ、ひとつだけ駒が足りない。それは、現代日本人である。本章冒頭でも述べたように、現代日本人は身体特徴に関して、歴代の日本列島人のなかでも特段の変わり者なのである。

†ガリヴァーのような現代日本人

これでひとまず、日本人の歴史をめぐる旅は終わりに近づいた。最後に、ごくごく簡単に現代日本人について触れておこう。

現代日本人は、日本人の歴史のなかでは、さながら『ガリヴァー旅行記』のリリパット国（小人国）におけるガリヴァーのような存在である。並はずれた高身長の変わり者たちである。たとえ歴代の日本列島人のなかにまぎれても、すぐに現代人だと正体がバレる者が少なくないことは容易に想像がつく。とても奇異のまなざしで見られることだろう。たとえば江戸時代の人などは、ひと昔前までの日本人が西欧人を「ガイコクジン」と見たのと同様、奇異な目を向けるのではないか。それほど、日本人離れしているのが、現代日本人なのである。

となると、タイムトラベルして、江戸時代にでも出かけてみようなどと酔狂な考えを起こさぬほうが賢明だろう。どんな目に遭うやもしれぬ。

残念ながら私自身、現代日本人の骨はX線写真などでしか見たことないので、細かいことはご容赦願うが、ともかく背は伸びに伸びた。二〇世紀に入って以降、男子女子の平均はそれぞれ、一二・九センチと一一・一センチも伸長したそうだ。その内訳は下肢の伸びが八割ほど、下腿の伸びが五割ほどを占めるようだ。それなのに頭や胴の長さは変わらないから、スタイルが格段に良くなった。

戦後の変化も急である。私自身一九八三年、石川県能登半島で農村住民の生体計測調査を実施したとき、わが師の池田次郎が一九五〇年に同じ村の人たちを調べて得たデータと比較して驚いた。親世代と子世代とを比べたことになるのだが、ともかく一代で顔立ちも体形も大きく変わっていた。日本人の歴史において、日本人がもっとも激しく変化したのが、まさにその頃なのであった。

その原因は定かでないが、あるいは、乳幼児期の栄養条件が要因かもしれない。とりわけ乳製品の普及と、それに伴う離乳年齢の大幅な短縮。それにより成長パターンが西欧人型に近づいたのではないだろうか。同時に、一人ひとりのバラツキが大きくなり、多様性が曖昧化し、どの時代よりも「個性が目立つ時代」に入ったのではなかろうか。

†短絡的な日本人観を越えて

最後に、日本人の歴史に関する総括をしておこう。縄文人から倭人、倭人から日本人、さらに現代日本人に至る日本列島人の歴史をめぐる旅は、どうだっただろうか。日本人の歴史の奥行きは案外あり、役者も豊かである。ユニークな顔立ちの縄文人。海峡地帯を船で行き来した倭人。中央集権国家を造り、次々に、奈良、京都、鎌倉、大坂、江戸などに都を移した日本人。縄文人の頃は均質性が強かったが、倭人の頃は地域性が豊かになり、日本人となって以降は、階層性や身分制による多様化が著しくなった。

鎌倉時代から江戸時代にかけては、封建制による閉塞的な社会情勢のもと、通婚圏が狭まることなどが影響して、身長低下などの現象が見られて、さまざまに身体が変化した。ところが、明治や昭和の時代を経て、身長が急激に増加、四肢が長く胴部が短くなりスタイルが変化、骨細となり、ことに顎の骨が小さくなった。もはや後頭部は絶壁頭ばかり。突顎《とつがく》も目立たなくなった。一足飛びに時代性すらも超えてしまったような感がするのが、戦後の日本人である。

最後に、飛躍にすぎるようだが、近視眼的、あるいは年寄りの冷や水のような私感を許されたい。そろそろ「日本人のルーツ探し」とか、「日本人は渡来人の末裔である」とか、そんな短絡的な議論は休止にしようではないか。逆説的のようだが、「日本人は日本列島で生まれ育った」のだ。なぜ私はそんなことを言うのか。それは後半のⅡで述べる、身体史観の説明のなかで明らかにしたい。

コラム5
横穴墓の興味深い埋葬法

横穴墓《おうけつぼ》とは、古墳時代の後期から終末期、あるいは奈良時代にかけて、だいたい五〜八世紀の頃に設けられた集合墓地。九州から東北地方にかけて広く遍在するが、太平洋や日本海に沿った地域で、ところどころに密集して分布する。在郷の有力農民クラスの共同墓地だとされるが、航海技術を有する集団や、海を利用した交易や交通を担う集団の墓である可能性が高いとも考えられている。

たとえば、私自身が何度か訪れた静岡県森町《もりまち》の天王ヶ谷《てんのうがや》横穴墓群と宇藤《うとう》横穴墓群は、太田川をとりまく丘陵地の見晴らしの良い斜面に立地し、それぞれが、おびただしい数の同じ大きさとタイプの墓で構成されている。水平に掘りこまれた洞窟状の墓が、上下何列かで横ならびの状態で続く。谷間から見上げるように眺望すると壮観、さながら大規模な集合住宅のごとき景観を呈していたことだろう。それぞれが発掘調査されているときの情景は、大きな蜂の巣のようでもあった。

これら遠江《とおとうみ》の横穴墓群は、納められた人骨を年代測定することにより、古墳時代の終末期から奈良時代のものであると判明した。一〇〇基ほどが発掘調査されただけだが、その周囲にどれほどの横穴墓があるか見当もつかない。ひとつの横穴墓で、ときに一〇人以上の複数人分の骨が見つかる。老若男女の遺骨が入り混じる。ほかの地域の多くの横穴墓と同様、どこかで一次埋葬された遺骨が改葬（再葬）されたもので、たいていの骨の保存状態は非常に悪い。それに大きめな骨しか存在しない場合が多い。頭骨を中心に選択的に納骨されたのであろう。

これらの横穴墓の発掘調査で、たいへん興味深い知見が得られた。ひとつの墓に複数人分が納骨されたと述べたが、とある墓の場合、奥壁に四人分の成人男女の頭骨を並べ、それぞれの上腕骨などの上肢骨、腰骨、大腿骨などの下肢骨、足骨などを入り口に向けて整然と並べていた。つまり、四人分の骨を同時期に改葬、身体のなかの骨の並びに合わせて各骨を置いていたことが判明した。ただ、上腕骨なら上腕骨、大腿骨なら大腿骨で、左右の骨が逆であったり、上下が逆さまとなったりしていた。これは古墳時代の人々が、どの骨が身体のどこにあるか、ある程度の解剖学の知識をもっていたことを意味する。

身体特徴の詳細は割愛するが、特筆すべきことを二つ三つ。成人男性の平均身長は一六〇センチたらずと、かなり短軀《たんく》であった。でもなかには、一六五センチほどの人もいた。各骨は細く小さめで、小柄な体形の人が多かったことを物語る。意外なことに、頭蓋長幅示数が七五を切るほどの頭骨もあり、頭が前後に長い長頭ぎみの人が多かったようだ。この中世の人々で特徴的な傾向は、すでにこの頃、萌芽していたことを物語るのだろうか。いずれにせよ、古墳時代終末頃の常民クラスの人々が、短軀、小柄、長頭、寸詰まり顔の特徴を有していたことを推測できる。

ちなみに、何人かの頭骨で外耳道骨腫《がいじどうこつしゅ》が認められた。この特徴は、漁撈などの海上活動を生業とする者に多く認められるので、海との関係が深い人々が埋葬されたと想定できようか。

Ⅱ

「身体史観」の挑戦

第6章　旧来の日本人論の誤りをただす

1　身体史を俯瞰する

†「身体史観」とはなにか

もとより、われわれ一人ひとりの顔立ちや体形は、たまさかのものではない。われわれの文化や社会などと同様、歴史性と時代性を有する。長い歴史の間に身内から身内へと受け継がれ、積分されてきた産物なのだ。ならば文化現象とか社会現象と同じこと、日本人なら日本人ならではの身体現象（特有の身体特徴、ならびに、その地域性と時代変化）を読み解くことで、日本人がたどってきた歴史の流れを通史的に俯瞰できるだろう。

そんな問題意識のもと、ことに縄文人、「弥生人」、古墳時代人、さらには歴史時代人たる中世人や近世人、近代人や現代人で読みとれる身体現象に視点を当てることで、新たなる日本人論が展開できるのではないか。そんな発想が本書をしたためる起点となった。そこでIでは、各時代の日本列島人の身体特徴を鳥瞰してきた次第である。

ここからは、これまでに時代ごとに各論的に見てきた日本列島人の身体史について、いくつかの斬り口で総論的に話を展開していきたい。時代の移り変わりとともに、どのような身体現象が生じてきたのか。どのような生活、社会、経済、政治レベルでの動きや変化と連動してきたのか。どのように日本人の歴史が時代区分できるのか、などなど。

そうした古人骨や骨考古学で明らかにされた身体現象に基づく歴史観を、身体史観と呼ぶことにしたい。

はたして日本人は何者なのか、どこから来たのか、どこにいくのか。つまりは、どこに日本人の出自を探したらよいのか、どこにアイデンティティを求めたらよいのか、どの時代の人々にどのようにたどりうるのか――そういった問題に身体史観はチャレンジする。

言うまでもなく、写真などの等身大の写像技術が実用化するまでは、ノンフィクションとして人物像を語るのは難しい。過去に生きた人々が残してくれた彼らの亡きがらである古人骨を通してしか、彼らの身体を客体化することはできない。だから古人骨こそが唯一の手がかりとなるわけだ。また、そのように客体視する術は、骨考古学の進展により、ようやく骨相学のくびきから放たれて、科学的な領域で可能となったわけでもある。

ともかく、文字史料も古文書も、あるいは口碑伝承のようなものも要らない。さらには土偶や埴輪や肖像画などのようなフィクションも要しない。かくして身体史観が、今こそ現実なツールとなってきた。つまりは「書斎派」の蘊蓄《うんちく》で傾ける歴史学ではない。「考える足派」の歴史学である。いずれにしても、「史観なき歴史は歴史学たらず」のスタンスで、日本人の歴史を身体史観で読み解く。「日本文化や社会の歴史」ではなく、「日本人の歴史」をめざすのだ。

†「吹きだまり」の旧石器人、独特な縄文人

まずは、Iで解説した各時代の日本列島人の身体特徴について、今一度、通史的に俯瞰することで、時代変化のパターンをあぶりだしてみたい。

ともかく旧石器時代の人々については、あまり多くを語ることは望めない。ことに本州域では、少しでも語りうるのは「浜北人」くらいしかない。これについては、一人の若い女性の頭骨の各部片に加えて、上肢骨などの断片が残り、縄文人の変異に入るほどの特徴が認められる、と指摘されている（鈴木、一九八三）。

旧石器時代の化石人骨の宝庫たる琉球諸島の「港川人」などについては、「縄文人の祖先とみなしえない」、さらには「のちの琉球諸島人ともつながらない」との言説（高宮、二〇〇五）が近頃、有力視できるようになっている。いずれにせよ、たぶんに状況的にしか語れないが、二～三万年前の最終氷期（海退期）の頃、本州域には東アジアの各地から陸づたいで「吹きだまり」のように寄せてきた人々がいた。そして琉球諸島には東南アジアの方面から来た人々がいた。

続くは新石器時代の縄文人。旧石器時代の日本列島に東アジアの各地からやってきた人々が母胎となって生まれた。地球温暖化の影響で海面が上昇し、海進現象をきたしたために、外世界から隔てられた「縄文列島」の気候風土に適応するように生まれた人々である。この意味で、縄文人は「どこからも来なかった」、「日本列島で生まれた」とのレトリックは可能であろう。ともかく、日本列島人の歴史において、開闢《かいびゃく》の時代を迎えた。

縄文人は、東アジアの周辺ではほかに類を見ないほどに恵まれた気候条件や生活環境条件のたまもの、とても恵まれた採集狩猟漁撈の民だったようだ。土器文化が成熟したことにより定住生活が可能となり、園芸農耕も達者となった。あるいは、定住化することで、根菜や堅果植物を育て、土器文化が大いに発展した。

特筆すべきは、漁撈活動に長けていたこと。当時としては、世界でも有数の「海の民」

であったようだ。ことに縄文時代の後半は、長い海岸線に沿って人口が集中、独特の貝塚遺跡を多く残した。列島全体で二〇万人規模の人口を有していたようで、その当時では、地球レベルで見ても人口密集地のひとつであったと想定できる。だが所詮は採集経済の時代、「豊かな縄文人」論とか、「持続可能な縄文社会」モデルなどで語るのは、いかがなものであろうか。ただ「食い寝て出す」だけの暮らしがあっただけで、のちの生産経済の特質たる「欲ぼけの暮らし」とはほど遠いものだっただろう。

　縄文人の身体特徴は、顔立ちにも体形にも独特の風情があった。少なくとも古墳時代以降の日本人とも、さらには世界のどこの同時代人とも容易に区別できるほどの特徴を縄文人は有していた。「現生人類の大海に浮かぶ〝人種の孤島〟的存在である」（百々《どど》、二〇〇七）との言説は、言い得て妙である。

　ともかく、骨太で小ぶりで頑丈な体格。下半身が発達した体形。大頭大顔で寸詰まりの丸顔の顔立ち。大きな鼻骨と下顎骨、そして彫りの深い横顔は、世界中くまなく探しても類を見ないほどに特異的である。おそらくは縄文列島の独特な風土が可能にした独特の生活のたまものであろう。オーストラリア先住民やポリネシア人などで見るように、ひどく生活条件を異にする場合、あるいは、小さな母集団から生まれ、外界と長く孤立してきた場合、独特な身体特徴が表現されることは少なくないのだが、そんなケースであろう。だから、古墳時代以降の人々とひどく違っていても、系譜関係の断絶を意味しない。
いずれにせよ、縄文列島の特異さを象徴するような特異な人々であった。

†なにもかもが様変わり――「弥生人」

ところが、弥生時代になると、なにもかもが様変わりする。弥生式水田稲作農耕を生活の基盤とする生産経済が普及することとなる。その結果、河川の平野部に大きな集落を構える生活形態が始まる。当然のこと、人口も徐々に増加していく。金属文化をはじめとする舶来品が多く輸入されるようになった。

なぜ新しい生活技法が定着、新たなる文物が導入されることとなったか。もちろん、大陸側と日本列島との間で交流が始まり、人々の行き来が始まったからである。おそらくは縄文時代の終末期には、そんな状況が生まれたのであろう。この意味で、日本列島は開国状況を迎えたことになる。いつ弥生時代が始まったか、紀元前千年頃か五百年頃か、近頃、この論争が喧《かまび》しいが、それにはこだわりたくない。だいたいのところ紀元前五世紀頃、あるいは倭国の始まる紀元前二世紀に始まった、と考えれば、十分ではないだろうか。

まちがいなく朝鮮海峡と対馬海峡とが連なる海峡地帯（いわゆる「一ツ地帯」）をはさむ北部九州と南部朝鮮とが、開国の玄関口となった。まさに両地域は、一衣帯水の近さにあるわけだ。また、対馬と壱岐《いき》が大きな役目を果たしたのは言をまたない。それぐらいの海なら十分に行き来できるほどの「船」が存在していたことを物語る。この海峡地帯が回廊となり、人間も行き来するようになった。古代のイギリス海峡のごとき状況が生まれたのであろう。

弥生時代の中期の頃からは、少なからぬ人々が日本列島に渡来したようだ。地球寒冷化が始まる紀元後の頃から東アジアの各地で民族移動が活発となり、その影響が海峡地帯にも波及したのかもしれない。玄界灘に臨海する北部九州や響灘の沿岸部、そのさきの日本海沿岸にある弥生遺跡で膨大な数の渡来系「弥生人」のものとおぼしき骨が見つかることで、そう推説できる。あるいは大陸側の人口圧が、ボートピープルのように人々を押し出す原因となったのだろうか。

北部九州のあたりは、渡来人が縄文人に数で勝るような成りゆきとなったかもしれないが、その他の地域では、そのシナリオは無理筋のようだ。瀬戸内海や日本海沿岸でも、「海の道」のような交通路が伸び、渡来人が混合波及していったのだろうが、近畿地方などには、まだ「縄文人もどき」のような人々が多くいた。ましてや、九州の西北部や南部、四国、東海地方の以東以北では、縄文人の末裔のような人たちが主流だった。

かくして、弥生時代の人々の身体特徴はさまざま。豊かな地域性が醸しだされたようだ。

北部九州あたりでは、縄文人的な特徴は影を潜めるが、一般的にはそうではなかった。また縄文人と渡来人とが「サンドイッチ状」に重なったわけでもない。渡来人の多くいた地域、渡来文化の影響が強かった地域、縄文人の伝統を多く残した地域などなど、生活のありかた、通婚圏の拡大、混血の多寡などにより、「弥生人」は多様化した。むしろ弥生時代は、縄文時代の延長のよう、古墳時代の前夜のようであった。歴史時代に向かう過渡期となったわけだ。

実際、弥生時代の後半は世相が千々に乱れ、「倭国大乱」の時代だったようだ。いわゆる卑弥呼の時代、古墳時代をはさみ、一気に歴史時代へと向かう。

†「日本人顔」の登場――古墳時代人と奈良時代人

卑弥呼が治めたとされる邪馬台国の頃については、残念ながら、とくにその時期の人々の身体特徴を具体的に論じうる人骨資料は乏しい。しかし古墳時代全般については、少なからず、その目的にかなった人骨資料がある。もちろん、弥生時代に目立つようになった地域性が絡んで、どこまで普遍化できるかわからない。ともかくは、この時代の中心となった近畿地方に目を向けて、当時の人々の身体特徴についてまとめてみよう。

まず挙げるべきは、弥生時代と異なり、縄文人の面影が消えていくことである。つまり、ひどく骨太で頑丈、鼻骨と下顎骨が目立ち、寸詰まりの彫りの深い横顔をした人骨が、ほとんど見られなくなる。のちの日本人に共通する質の「中顔、中頭、中鼻、中眼、中顎」を特徴とする「日本人顔」が多くなる。そんな中庸を旨とするような顔立ちに違和感を覚えなくなる。また体形や体格についても、骨太感が強くなく、「胴長短脚」の傾向をもつ「日本人的体形」が多くなる。すなわち、「縄文人顔」や「縄文人的骨組み」が影を潜めることとなる。と申しても、渡来系「弥生人」に特徴的な平顔馬面の「渡来人顔」とも異なる。「日本人顔」、もしくは「わりと現代ふうの顔」ということで、これらの表現を感覚的につかんでもらえるなら、ありがたい。

しかしながら、身長を物差しにすると、そうした体形や体格にも大きなバラツキが認められるようになる。もちろん個人差もあるが、埋葬施設を異にする人たちの間で違いが目立つようになるのだ。たとえば、奈良周辺の大型古墳の被葬者と各地の豪族古墳の被葬者との間、そうした古墳の被葬者と、庶民的な横穴墓の埋葬者との間、さらには円筒埴輪棺などの特殊な墓に埋葬された者との間で、ある一定の違いが認められるようになる。

奈良周辺の大型古墳などの被葬者たちは一般に、当時としては非常に背が高い。各地域の豪族古墳の被葬者は一様ではないが、それよりも明らかに平均身長は低い。さらに山あいに設《しつら》えられた横穴墓の被葬者たちは、鎌倉時代から江戸時代の人々なみに背が低い。また、円筒埴輪棺などの被葬者は一般に、非常に背が低い。要するに、背丈などの面で階層性のようなものが表れてくる。

奈良時代から平安時代にかけての頃になると、残念ながら、人々の身体特徴の移りゆく趨勢を追いかけることはできない。火葬が普及したことがいちばん大きな原因だが、ともかく十分に調査できる人骨の例が非常に少ないので、はっきりした物言いはできない。保存状態の悪い限られた数の人骨を見る限り、いっそう「日本人顔」が一般的になっていったようだ。

†階層性が顕著に——鎌倉時代から戦国時代、さらには江戸時代へ

いわゆる中世から近世にかけては、見つかる古人骨の数が急増する。しかも、ひとつの遺跡でまとまった数で見つかるようになるから、はっきりとした物言いが難しくなくできることになる。

たとえば鎌倉時代の遺跡では、鎌倉市内や郊外の遺跡。近世にかけての遺跡としては、大阪堺市の環濠《かんごう》都市遺跡。江戸時代では江戸や京都などの集合墓地遺跡である。これらの遺跡では、それこそ、何百人分もの数で古人骨が発見されるから、これらの時代の人々のことについては、ありあまるほどのデータが集まっている。

鎌倉のものは、材木座、由比ヶ浜、極楽寺坂などの遺跡が名高いが、いずれの遺跡でも、一三三三年五月二一日に新田義貞の大軍が鎌倉攻めをしたときの戦死者や犠牲者の骨が大量に出土する。生々しい殺傷痕を刻まれた人骨が、海浜などに大きく掘りこまれた穴のなかにうずたかく詰まって発見される。そうした墓穴が発掘されたときの光景は忘れがたい。人間のさがが堆積したようである。

この人骨群をつぶさに調べた鈴木尚（一九八三）のまとめを引用すると、「……顔の輪郭や鼻根などの点で、古墳時代人にたいへんよく似ている。しかし現代人骨と並べてみると、鎌倉人骨はあらゆる形質で、やはり現代に一歩近づいている」とのことである。前歯の嚙み合わせは、ほとんど全部が鋏《はさみ》状となり、長頭型の割合が多くなるが、まだ「古代的顔貌」と言ってさしつかえない、とも記す。

室町時代から戦国時代にかけての人々は、もちろん鎌倉時代人とはなはだよく似るが、さらに反っ歯（歯槽性突顎）や寸詰まり顔の才槌頭（長頭性）が目立つようになり、さらに平均身長が低くなる傾向がうかがえる。古墳時代の頃に見られるようになった身体特徴の階層性は、いっそう顕著になったようで、鈴木の言を借りるならば、「中世の絵巻を見ると、引目鉤鼻の貴族のお姫様にたいして、庶民の顔はいずれも寸の詰まった短い顔に、しゃくれた鼻とひどい反っ歯が描かれている。……当時の一般の顔が、これらの画の人物にあらわれている」と。

江戸時代となると、平均身長はさらに低くなり、反っ歯と才槌頭の傾向がさらに強まるが、大名家の人々と富裕町民と庶民との間、都市住民と農村住民との間などで、顔の長さなどに関して、幅広い違いが生まれた。すなわち、大名家の人々や富裕町民などでは、貴族顔や役者顔で見るような長い馬面が多くなるが、庶民や農村住民では、寸詰まり顔がさらに目立つようになる。

2　旧来の説を検証する

†日本人の始まり

古人骨で探る人々の顔立ちや体形を斬り口にして、日本列島人の時代ごとの身体特徴、その変遷について、Ⅰで詳述した。そして、どの時代、どれほどの、どのようなパターンの多様性や地域性が見られるようになったのか、考察を加えた。つまりは日本人が経験してきた身体現象の様子を述べてきた。いくつかのポイントを整理してみよう。

日本列島に人間が住み始めたのは、中期旧石器時代の頃、今から数万年ほど前のことであったようだ。旧石器時代の人々の顔立ちや体形を探るべく化石人骨は、本州域では、それこそカニの爪の殻のかけらほどしか発見されていない。多くは琉球諸島に偏在して見つかる。だから、その頃の人々のことについて、気の利いた話ができる段階には、いまだ至っていない。

琉球諸島の旧石器時代人については、全身骨を残す港川人化石を調べる限り、その昔、東南アジア一帯に広く分布していたグループ（オーストラリア先住民やニューギニア高地人などの祖先筋にあたる）の流れをくみ、のちの縄文人とはつながらないとの仮説が有力になってきた。その当時の琉球諸島南側は、ときに台湾から伸びる半島のようになったことはあるが、九州との間は広くて深い海域で隔てられてきた。そうした地理的条件を考えると、十分に納得できる仮説ではある。

だがそうだとすれば、従来、定説のごとく人口に膾炙《かいしゃ》した「縄文人南方起源説」は、もはや成立しないことになる。

†縄文人をめぐるさまざまな説

次は縄文人（かつては、日本石器時代人と呼ばれた）の時代である。彼らの素姓をどう見るか。それこそが、明治の頃から一〇〇年以上にわたり、日本人の起源、あるいは日本民族の起源をめぐる論争のなかで最大の難問であった。彼らは歴史の波間に消えてしまったのか。それとも、のちの日本人の祖先となるも、端役か脇役のような存在でしかなかったのか。あるいは、顔立ちや体形を変えつつも、日本人の歴史の主流派として息づき続けてきたのか。

ともかく縄文人の身体特徴は、とてもユニークだった。のちの日本人のそれとは大きく異なる。それゆえに最初は、のちの弥生時代や古墳時代に渡来した人々により場末に追いやられたか、置きかえられたと考える「交代説」や「置換説」の独壇場となった。

それに異を唱えるように登場したのが、「混血説」であり、「変形説」である。前者は、ことに弥生時代に来た新参グループと混血することにより日本人の祖先が生まれたと考える。そして後者は、基本的には、縄文人が時代変化をくりかえしながら今の日本人になっていったと考える。

ちなみに混血説にも、弥生時代のドラスティックな混血現象、言うならば「大混血」が起こったことを想定する仮説と、ある地域に限定的な混血現象「小混血」が起こり、それが次第に波及したと想定する仮説とがある。前者の代表と言えるのが、埴原和郎（東京大学）が提唱した「日本人二重構造論」モデルである。

この説には私自身は首肯できない。「小混血」現象が、どの地域で、どんな規模で、どのように起きたか、それが問題の核心だと私は考える。

ちなみに、私が「日本人二重構造論」モデルに妥当性を見出せない大きな理由は、その二項対立的な図式設定にある。かたや、縄文時代から縄文人がいて、それは南方起源、東南アジア人的な「南方系モンゴロイド」で、歯はスンダドント（南方歯型）。一方、弥生時代に新来した弥生人は北方起源、東北アジア的な「北方系モンゴロイド」で、歯は「シノドント」（中国歯型）。この二つの対立的なグループが、ことに弥生時代、大規模に混血したことにより日本人が誕生したと考えるのだが、いささか単純にすぎやしないだろうか。

「交代説」は、いつのまにか消えていった。混血説か変形説、あるいは、この両者を折衷するモデルが、日本人の歴史を考えるには妥当であろう。ただし、混血説の「混血」には語弊がつきまとうので、いただけない。「混合」（ミックス）、もしくは「混交」などの言葉を用いるのが正鵠《せいこく》を射るのではなかろうか。

✝縄文人は日本列島で誕生し、日本列島で育まれた

いずれにせよ、縄文人こそが、日本人の基底をなし、根幹にあり、実質的な意味での出発点となったようだ。だからこそ今でも、日本人のアイデンティティの奥底に深く息づく。

それが私自身の重要なメッセージである。

彼らの顔立ちや体形のユニークさは、「縄文列島」の豊穣な風土のたまもの。一万年もの長きにわたる縄文時代の間に培われた。その後半は地域を問わず均質的である。一人ひとりの変異性が小さく、地域色が大きくなることはなかった。彼らに特有の鼻骨と下顎骨、短軀な体形、彫りの深い顔立ちなどは、当時の東アジアの界隈では類を見ない。「そっくりさん」集団が周辺に存在しなかった理由は明白である。彼らに似た特定の集団が旧石器時代の日本列島に大勢でやって来て、そのまま縄文人になったのではない。北から西から少数の人々が流れて来た。それらの人間が長い時間に独特の風土にマッチしながら、錬金術師がブレンド・ウィスキーを溶け合わせるように混合融合し、独特の身体特徴をした縄文人が生まれたのだろう。そんなことを彼らの身体は物語る。

もちろん完新世《かんしんせい》（地質学的現代）となり、温暖化により海進現象が進み、日本列島が文字どおり列島化したことも、縄文人が生まれるための必要条件であった。いくら錬金術師が活躍しても、次々と人間の流入があれば、独特の身体特徴と生活スタイルを有する集団は生まれまい。ともかく当時の海は、人間の移動の障碍となるには十分だった。だが、日本列島が大陸から隔絶されただけの理由で縄文時代の風土が形成されたわけではない。

海進の結果、大陸部には少ない臨海域が増しに増し、多彩な海産資源が潜在する豊かな生活環境が整ったのも、縄文人が生まれる恵みとなった。そうした環境こそが縄文人を育む温床となったのだ。つまりは、大陸世界から長く孤立したことにより、そして、漁撈民的性格をも備えたことにより、独特の身体特徴が育まれ、独特の生活様式が育まれ、独特の世界観なども育まれたのだろう。

これまでは日本の人類学などは、縄文人のルーツ探しに執着しすぎたように思う。なにごとにおいてもルーツ探しは面白いものだが、人間のことに関する場合は考えものだ。ときに動きまわり、ときにテリトリーに執着する人間という動物の性向がゆえに、歴史の流れは輻輳しやすい。だから、底なし沼に足を取られるようなことになりかねない。そうなると空しくならないか。

結局のところ、「旧石器時代に東アジアのあちこちから拡散してきた人々が縄文人の祖先となった」と結論するほかない。もちろん正論ではあろうが、「縄文人のルーツはアフリカにあった」と言うのと同じくらい意味をなさない。要するに「なにもわからない」と、お手上げ状態になるのと、ほぼ同義。

これまでの縄文人のルーツ探しの欠陥は、まさにそこにあった。「どこから来たのか」という問題設定そのものが「ないものねだり」だったようだ。これからの問題とすべきは、「彼らの暮らしの営みのありかた」であり、「どのようにして彼らが生まれたのか」ではなかろうか。逆説的な言いかたが許されるならば、「縄文人は来なかった」「彼らは縄文列島で生まれ育った」のである。同じような状況は、北海道のアイヌでも、あるいは琉球諸島の人々にもあっただろう。

†弥生時代の開国日本列島

弥生時代を迎えると、俄然、外世界から隔絶した「縄文列島」から開国された「日本列島」のごとき状況が生まれてきた。

日本の歴史において、弥生時代は古墳時代、江戸時代、明治維新などとともに歴史の節目となった。青銅や鉄が伝来され金属器時代を迎えた。新しい生活技術と文化が導入され生産経済が向上した。人口が増大し、社会構造が複雑になった。いわば「日本流」の生活様式が根づき、のちの「日本人気質」なるものが芽生えた。縄文時代には蚊帳の外だった「大陸世界」が意識されるようになっただろうから、「日本流」のスタイルが相対化できることになったわけだ。

こうした変化とともに、人々の構成が一変したのか。まちがいなく、そうではない。生活や文化の中身が一変したのか。たぶん、そうでもない。新たなる文物が多種多様に大量に輸入されたのか。これも疑わしい。伝来舶来した文物は、実は多くはなかった。多くなかったのだが、人々の生活には絶大な影響力を及ぼした。おそらくは、そんなところではなかろうか。日本人の歴史ということでは、所詮、たんなる過渡期にすぎなかった。そんなところだろう。

その頃、大陸部は文明社会が広がり人口が増加、社会状況が混乱、人々の動きが活発化した。それと同時に、海上移動の手段が開発されたのであろう。だから朝鮮海峡と対馬海峡の海峡地帯では人々の行き来が盛んになったのだろう。なにしろ、秦の始皇帝の命を受けた徐福《じょふく》が大勢の若者を率いて日本に来住したという伝説が生まれるほどの時代のことだ。大陸世界と日本列島の間で人物交流のチャンネルが開通したことは想像に難くない。

海峡地帯に面した玄界灘や響灘の沿海域。その地域の中心となった北部九州、さらには山口県沿岸の一帯では、すぐに大陸方面から水田稲作農耕などの生活技法、金属文化などが伝来、普及、定着した。

ともかく大陸ふうの生活体系が導入されたため、「縄文の酒が新しい革袋に詰め替えられる」がごとき新陳が混合する状況が生まれたに違いない。人々の交流も促進され、それらの地域の界隈には、外来者たちのコロニーが多く生まれたことだろう。このことを如実に物語るのが、半島系の文物があふれる遺跡群であり、たとえば、半島系の支石墓《しせきぼ》などの輸入文化である。金属器を伴う集落遺跡。そして、そこから大量に見つかる渡来系「弥生人」たちの遺骨群である。

海峡地帯を渡る――船と人々と風

今でこそ厳格な国境線が走る。だから、この海峡地帯での彼我の遠近感は歪められ、頭のなかの地図は、ルーペで拡大されたように間伸びしている。でも実際には、「逆さ地図」で実感できるように「一衣帯水」の近さ、ともかく日本列島と大陸とが、もっとも接近する場所である。

まちがいなく弥生時代には、ここには平穏な海路が開けていた。波静かな季節などには、おそらくはフリーパスの状況で人々が行き来したことは疑うべくもない。そんな状況は、おそらく江戸時代が始まる頃まで続いただろう。したがって、いつも渡来人はいたし、その影響は弥生時代に限定されることなく、中世の倭寇《わこう》の頃まで延々と続いたと考えるべきだろう。

この海路はやがて、日本海沿岸にそって北へ伸び、あるいは瀬戸内海を東に近畿へと伸びていったはずだ。日本列島が鎖国の世を迎えるまでは、この海の回廊を介して日本列島の中枢部と朝鮮半島はつながっていたのだ。「逆さ地図」を眺めるまでもなく、このことは容易に想像がつく。少なくとも九州と琉球諸島との間よりは、はるかに近く、間延び感がないし、波風も強くない。

この海峡地帯は、たとえばイギリス海峡になぞらえることができよう。そこでも金属器時代となり、人々や文物の動きが活発になった。たぶんに高きから低きに向かう傾向を有する文化の伝達は初めの頃、イギリス諸島方向へと流れたが、人間の流れは緩やかであり、一方向的にだけ起こったのではないようだ。そもそもイギリス諸島には先住民がおり、そこに鉄器文化をもつケルト人が大陸からやって来て、さらにアングロ・サクソン系の人々が来て征服したのだとする図式が、かつては常識とされてきた。しかし最近のシナリオによると、実際にわたって来たのは「ケルト民族」ではなく、より斬新だった鉄器文化なのであり、その伝播者は実際には少々、その新しい文化の影響で先住民たちがケルト人に変容したのだろう、とのこと。そして、アングロ・サクソン人とは、たんなる征服王朝でしかなかった、と書きあらためられている。

同じような状況が、弥生時代から古墳時代の頃には、この海峡地帯でもあったのではなかろうか。人々や文物が活発に行き来する状況が生まれたが、ことに人間の往来に関しては、かならずしも一方向的ではなかった。ならば、弥生時代に怒濤のごとく大陸人たちが押し寄せたか否か、との議論よりも、古墳時代にかけて、大陸方面から征服王朝的な政治システムが導入されたのではないか、との議論のほうが当を得ているかもしれない。

かつて「騎馬民族」論が一世を風靡した。もちろん「騎馬民族」は来なかっただろうが、その流れの統治システムは導入されることになった。日本列島に重層構造社会が生まれるきっかけとなり、国家形成へと進んだ。要するに、渡来人の問題は、日本人の民族形成の文脈で論じる問題ではなく、国家形成の文脈で論じる問題なのではあるまいか。「日本列島吹きだまり論」なるパラダイムで国家形成の問題を再考する価値は十分あろう。

†日本人起源論と日本文化起源論は表裏にあらず

「日本列島吹きだまり論」とは、日本の文物や風習はほとんど外世界からの借り物か漂着物であり、人間もたいてい、どこかからの流れ者の系譜に連なるのだとする思考法である。

これに「文物の大きな伝播は、それに見あうほど大量の人間の動きなしにはありえない」とのテーゼが重なると、どうなるか。弥生時代には実際、のちの日本文化をなす文物の類が多く舶来した。それをなしえるには、大量の渡来人がいたからだ。ゆえに、弥生時代には大勢の渡来人が存在したはずだ。そんな三段論法となる。そこから、縄文時代ではなく、弥生時代こそが、日本人が生まれ、日本流の生活文化、経済、政治システムが開闢したときだと考える歴史観が生まれたようだ。さながら疾風怒濤のごとく大量の渡来人が押し寄せたからこそ、「日本人」が成立した。彼らが新しい文物を持ち寄ったからこそ

「日本文化」が成立した、と考える思考法。つまり、日本人の起源と日本文化の起源とは紙の表裏のようなものとみなすパラダイムである。

この思考法は、いささか単純にすぎやしないか。異議をはさむほかない。

いずれにせよ、日本人起源論の論争で最初に地歩を築いた「交代説」は否定できる。縄文人が雲散霧消して、弥生時代の渡来人に総入れ替えされたわけではない。弥生時代の渡来人は、どちらかと言えば、非常に局地的に存在していたにすぎない。たしかに弥生時代の日本列島、目新しい生活様式や文物が急速に流布したかもしれないが、たんなる文化伝播の問題だ。文化伝播ならば、「利あり益あり」すれば、すぐにそれにスイッチされうる。すぐに流行することもありうる。人間の移動と重ねなくとも、文化の流行を説明しうることは、古今東西の多くの歴史が物語るところだ。いずれにしても、日本人の起源論と日本文化の起源論とを混同してはならない。

たしかに弥生時代、日本文化の形成においては、ひとつのエポックとなったであろう。その後の日本史を左右する「文化要素」が輸入された。それと同時に、日本人の「身体要素」が確立したか、となると、かならずしもそうではないようだ。縄文人と「弥生人」との間には大きな身体変化があった、との言説がまかり通るが、それは、北部九州の遺跡や土井ヶ浜遺跡で出土する人骨を代表選手とした場合の話であることは、すでに詳述したとおり。全国各地の「弥生人」骨を総合すると、別のストーリーとなる。土井ヶ浜遺跡などの人骨は新参の渡来人のものを多く含むから、けだし当然のことなのである。

そもそも、文化や社会の現象は色つきのビー玉の混合にも似ている。そのビー玉の一つひとつが、いわば文化要素なのである。いくら時間が経っても、強くは色あせないし、大きさや形も変わらない。あと追いがしやすい。だから、日本文化の起源の問題はわかりやすい。説明もしやすい。

ところが、日本人の起源の問題は、そうはいかない。混沌としている。人々の混合が進むとともに、時間の経過とともに、まるで油絵の具をかき混ぜるように変色する。「身体要素」をマークして、さかのぼり追い求めるのは難しい。それに身体形質は、生活基盤が変われば、人口増加を伴い社会構造が変動すれば、ときに激しく変化することを忘れてはならない。それに文化要素は容易に置きかわることがあるが、主人公たる人間の身体要素は、そうはならない。ときにとても保守的である。保守的であるのに、いつ、どのように、なにゆえに、特定の身体要素が入ってきたのかを過去に遡及していくのは難しい。

†日本人はみな混血なのか——「混血」概念をただす

新聞などで「政治家という人種は……」などの言いかたが、よく見られる。この「人種」は、言うまでもなく誤用、濫用、俗用の類である、などと目くじらをたてるのはおこがましいが、そもそも「人種」は立派な学術用語であり、私どもの業界である人類学周辺での専門用語である。「系譜を同じくするグループ」、あるいは「同系種族の人々」ほどの意味である。

同じように怪しげな使われかたをすることが多いのが、「混血」である。「日本人は縄文人と渡来人の混血である」とか、「日本人はみな混血である」などの言説がまかり通るが、これらもゆゆしき濫用である。「世界の人間はみな混血」などの言いかたと同じだ。まるで意味をなさないし、いささか滑稽でさえある。

実は人類学関係の成書（はばかられるので、書名は割愛）にも、次のような記述があった。どこか違和感を覚えないだろうか、考えてほしい。

原文のままで抜粋すると「……日本人形成史にかかわる重要な出来事は、縄文系・渡来系集団の共存を想定することによってよく説明できる。言うまでもなく前者は後期旧石器時代から、また後者は弥生時代以後に日本列島に住むようになり、両集団の間の混血は現在も進行中である。地理的に、縄文系の集団は主として北海道（アイヌ）、沖縄、本州東部、九州南部、四国南部に多い」。

たしかに「縄文系集団」および「渡来系集団」なる用語はくせもの、もちろん、そんな集団は、今の日本には存在するわけがない。「縄文人と渡来人の混血が現在も進行中」ということなら、まちがいなく、「混血」の誤用・濫用との誹りをまぬがれないだろうし、悪用とされるかもしれない。「北海道（アイヌ）、沖縄、云々」のところは、もうなにをかいわんや、物議を醸すかもしれない。それもこれも「混血」の意味が曖昧にすぎるからである。

そもそも「混血」とは異系グループの構成員の間の通婚のこと。移動好き性交好きの人間という動物種のさがのようなものが絡み、どこでもいつでも珍しくない。だが、無闇に使う言葉ではない。たとえば、アジア系の人とヨーロッパ系の人とかの間ならば、混血と呼ぼうが、イギリス人とイタリア人とかの場合とか、日本人と中国人とかの場合は、たぶん混血とは呼ばないだろう。これらの場合、民族間通婚ではあるが、文化や言語や社会を異にするグループの通婚ではあるが、生物学的な意味での異系婚ではないから、親同士、親と子供の間で身体特徴の違いを可視化できないからである。

それに、せいぜい四世代くらい前までのことを言い、延々とさかのぼって使う言葉ではない。さもないと、「人間みな混血」と言うのと同じくらい意味をなさないことになる。さらには、混血の人が、いずれかの側と再び「混血」しても、普通は混血とは呼ばない。一回きりの事象なのである。つまり、混血の混血や、さらにその混血は、混血ではなく、ただの混交（混合）なのだ。

たしかに弥生時代の頃、玄界灘や日本海沿岸の一帯で、あるいは、その周縁で縄文人と渡来人との間の混血が局地的に頻繁に起こったのはまちがいない。古墳時代以降になると、帰化人との混血が引き続いたのもたしかだろう。さらには中世の頃、倭寇たちによる混血が日本にも波及したであろう。だが、その後も渡来人との混血が続いている、とか、いまなお続いているとかいう言いかたには語弊がある。たんなるレトリックの問題にすぎない。

みだりに曖昧に「混血」概念を使用すれば、日本人の身体特徴の時代変化や多様性を説明するのに、ひいては日本人の歴史を語るにも、かならずや誤解が生じるであろうし、単純化しすぎることにもなるだろう。

3　身体の時代変化

†日本人の身体特徴の時代変化

もちろんのこと、日本人を特徴づける身体要素は定かではなく、時代の移り変わりとともに、ときに大きく変化してきた。それとともに身体特徴は多様性が増加、弥生時代の頃は地域性が強くなり、古墳時代の頃には階層性が生まれ、その後も職能性や藩民性のようなかたちで多様化が膨らんできた。

つまりは時代とともに、次第に日本人の身体特徴は多様化、構造化、脱構造化してきたのである。その理由は時代により一様ではない。もちろん渡来人の影響もあったが、それ以上に生業活動の分化、つまりは生活、生業活動、食物などの多様化が原因となった。あるいは、通婚圏の広がりや通婚のパターンの変化も関係した。現代では、学校体育や嗜好食などのことも絡んでのことであろうが、日本人ひとり一人の個性が、いっそう大きくなった。もはや「日本人の身体とはなにか」などとの問題設定は至難かもしれない。

いささか煩瑣で退屈かもしれないが、縄文時代このかた、日本列島人の間で生起した身体変化の様子を俯瞰してみよう。できるだけ形質ごとに取り上げて、時代変化のパターンを類別してみたい。

とりわけ大きく変化してきたのが、身長であり、身体のプロポーションである。顔の形（顔の高さと幅の比率、つまりは「寸詰まり顔」か「馬面」か）であり、頭の形（頭長幅示数。上からまたは横から見た前後の長さ。つまりは「長頭」か「短頭〈円頭〉」か、あるいは「才槌頭」か「絶壁頭」か）である。

横顔の彫りの深さ（「顔面平坦度」という）も大きく変化した。日本人や北東アジアの人間は一般に顔の彫りが浅いと言われるが、いつの時代にも誰もがそうだったわけではない。目のあたりの窪みかた（「落ち目」か「平目」か）や口のあたりの出方（「突顎《とつがく》」か「直顎《ちょくがく》」か）なども大きく変化した。

さらには、鼻骨の大きさや下顎骨の大きさやなどの各骨の大きさや骨太かげん、各歯の相対的な大きさ、いわゆるストレスマーカー（乳幼時の頃の健康ストレスの指標となる）、虫歯の頻度なども生半《なまなか》ならぬ変化をしてきた。

図11　各時代の人物のイメージ（上から縄文時代、弥生時代、古墳時代）

†身長の変化

日本人の身体をなす個々の形質すべてが、同じようなテンポでいっせいに変化したわけではない。いくつかのパターンで変化してきた。ひとつだけ共通するのは、現代になって、ことに戦後の最近、ひどく激しく変化したことである。つまり、ここ七〇年ばかりの日本人は、日本人の歴史のなかでは、すぐれて異形な存在なのである。顔立ちも体形も、なにもかもが大きく変わった。

それぞれの身体形質が、同じパターンで変化してこなかった理由は明白である。それぞれの形質について、変化をきたした要因が異なるからである。いろいろな要因が日本人の顔立ちや体形を変化させるのに関与してきたのだ。食生活、年少期の栄養状態や成育状態、肉体活動、スポーツ、通婚圏の広がりなどの異なる要因が、複雑に絡み、さまざまな形でクロスして影響してきたことを物語る。

時代変化のパターンで、いちばん多いのが、身長を典型とする「身長型」の変化である（表10）。下肢の長さや顔の大きさも、このタイプで変化した。その昔、長い間、大きな変化はなかったが、中世から近世にかけて低身長化に向けて緩やかに推移し、近代になり逆噴射するように高身長化、さらに現代になると、劇的に高身長化した。「今の日本人は明治期の初め頃までの日本人とは同じならず」、そんな類の身体変化なのである。

横顔で見る頭の形（頭長幅示数）も、「身長型」のパターンを示すが、中世から近世にかけての変化はより顕著であった。頭が前後に長く幅が狭いために、いわゆる才槌頭で後頭部の膨らみが目立つのが、中世から近世にかけての日本人の特徴である。

かつての骨相学の流れをくむ人類学者たちは、「頭形不変の神話」なるものを信じ、頭形こそが「人種」区分の最良の手段と考えていた。もちろん今では「神話」にすぎないことが判明している。世界のどこの人々についても、長いスパンでは円頭化（短頭化）する方向に変化したが、生活スタイルが変わると、ときに長く、ときに短くなるように変化したことが判明している。

表10　日本人の身長の時代変化（成人男性の平均値）

時代・年代	地域	身長（cm）
縄文	岡山県 ＊1	159
弥生	近畿地方	160
古墳	近畿地方	161
鎌倉	鎌倉市材木座	159
江戸	京都市伏見区 ＊2	158
明治（1880年代）	全国	158
昭和（1940年代）	全国	165
平成（1990年代）	全国	171

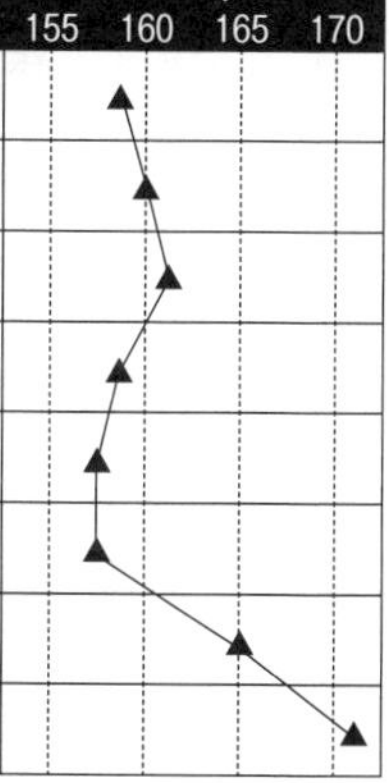

＊1　津雲貝塚　＊2　伏見城跡遺跡
つい最近にいたるまで、日本人の平均身長には、さしたる変化はなかったようだ。おおむね160cmを切る程度。古墳時代にやや高く、近世では低い傾向にあった。

†顔立ちの変化

次にわかりやすいのが、鼻骨の大きさや下顎骨の大きさや頑丈さで見られる「鼻骨型《びこつけい》」の変化である。これは縄文人を特徴づけるパターンであり、縄文人と、その後の日本人との間で大きく変化した。縄文人は鼻骨が特異的に大きく、下顎骨が頑丈、顔の彫りが深かった。ちなみに下顎骨の大きさと頑丈さは、「弥生人」以降、だんだんと小さく弱くなり、戦後、その傾向に拍車がかかり、日本人の顎は非常に華奢となってきた。

歯全体の大きさや、口もとの出具合（突顎性）、虫歯の頻度などにも特徴的な時代変化のパターンが認められる。それぞれ「歯の大きさ型」、「突顎型」、「虫歯型」とでも呼べようか。歯は縄文人で相対的に小さく、弥生時代や古墳時代に、いったんは大きくなり、再び次第に小さくなってきた。突顎（正確には歯槽性突顎）は、中世人や近世人、近代前期人で特徴的であり、その頃の人々では一般に「反っ歯」が目立つ。虫歯は単純増加的に変化してきたが、砂糖の消費が増した近世の頃から特に多くなった。

なお、歯の小型化と下顎骨の華奢化のスピードは同じではなかった。下顎骨のほうが、うんと速く小さくなってきたために、中世の頃から叢生歯《そうせいし》（歯並びの悪い乱杭歯《らんぐいば》）が目立つようになった。あるいは、第三大臼歯（親不知）の欠如が多くなった。歯が小型化するにも増して、顎の骨が小さくなったために、合計三二本の歯が十分に生えるスペースがなくなったのである。現代日本人は、歯並びの悪さでは、世界でも突出するそうだ。

ちなみに、「鼻骨型」や「歯の大きさ型」のパターンは弥生時代の頃の渡来人の影響を示唆すると考えられている。「身長型」や「突顎型」については、なかなか解釈が難しい。食生活や通婚圏などの変化が主要因として影響したと考える向きもあるが、さまざまな要因が複合的に関与したのはまちがいない。ともかくは、各時代の日本人の平均を単純に比較するだけでも、日本人の顔立ちや体形が、けっして一定してはなく、けっこう大きな時代変化があったことがわかる。また、どの時代に、どんな特徴的な変化があったかも読みとれる。でも地域差や階層差、さらには身分差なども絡むから、身体が変化した理由を探る要因論を合理的に展開するのは、なかなかに難しい。

たとえば身長については、古墳時代、大型古墳（王族や豪族などの墳墓）と小型古墳（地方豪族墓）と横穴墓（常民墓）の被葬者の間で有意な違いが認められる。また、江戸時代には、大名や貴族と庶民との間、あるいは都市住民と農村部住民との間で、身長や顔立ちなどに違い（たとえば貴族型と庶民型）があったことがよく知られるが、たやすく解答できるような問題ではない。

このように、日本人の身体形質が時代とともに大きく変化したこと、かならずしも一定方向に変化したわけではなかったこと、その変化のパターンが形質ごとに異なったことなどの現象は、縄文人に渡来系「弥生人」が重なったことで日本人が形成されたなどと考える単純なモデルでは十分に説明できない。

4　アイヌと琉球の人々

†アイヌの人々

ところで、日本列島人とは日本民族のことだけではない。もう二つ、もう三つの日本人がいるし、あるいは、かつてはいた。北海道には、先住民族たるアイヌの人たちが現住するし、その昔、オホーツク人という人たちもいた。さらには琉球諸島では、沖縄の人たちが住み、琉球王国という国家が存在したことでわかるように、日本の本州域とは別の固有の歴史が営まれてきた。

アイヌの人たちは、長らく独自の歴史過程を歩み、固有の文化と言語を有する。彼らは固有のアイデンティティ（帰属意識）をもち、独自の民族としての与件を完全に備えている。だから彼らは、今は日本人（日本国民）だが、日本民族のなかにはおさまらない。

アイヌの民族形成に関して、もっとも有力な仮説は、山口敏《びん》（国立科学博物館）によって一九六三年に提唱されたものである。古人骨の詳細な分析で導かれたその仮説によると、アイヌの祖先は、同じ北海道の擦文《さつもん》文化人（本州の奈良・平安時代相当期の人々）にさかのぼり、さらに続縄文人（本州の弥生・古墳時代相当期の人々）、さらには縄文人までたどることができる。となると、彼らもまた縄文人から由来したわけだが、地理的、気候的、生態的条件などが異なっていたため、日本民族とは別々の歴史をたどってきたことになる。

それと同時に、百々《どど》幸雄《ゆきお》（東北大学）らの研究（二〇一二）によると、かつて近隣に居住していたオホーツク人などと混交するなどして、北方系民族の影響を強く受けていることが指摘されている。

縄文人は非常にユニークな身体特徴をもつ人々だったと、くりかえし述べてきたが、アイヌの人たちもまた、その傾向があり、縄文人との間で強い近似性がうかがえる。アイヌ人骨研究の第一人者である百々幸雄の言を借りれば、「アイヌ人骨もまた縄文人骨と同様、ホモ・サピエンス（現生人類）の大海に浮かぶ〈人種の孤島〉的傾向がうかがえる」とのことである。縄文人から出でて、北海道独特の風土に育まれてきた人々であることを物語るのであろう。

なお北海道には、かつて五世紀から十三世紀にかけての頃、ことにオホーツク海沿岸部とその周辺部一帯に、オホーツク人と呼ばれる謎の人々が定着していた。どうやら、とりわけ漁撈活動と交易活動に熱心で、北海道から樺太あたりのオホーツク海の沿岸域を広く流浪していたようだ。ことに流氷の季節などに、積極的に移動をくりかえしていたのかもしれない。網走のモヨロ貝塚などで出土する人骨の身体特徴で調べられた限りでは、ニブヒなどの北方系民族の流れをくむ人々であったことはまちがいないだろう。

†琉球諸島の人々

今から二万年近く前にいた港川人などの後期旧石器時代人の流れは、いったん途絶えてしまい、その後、何千年か前に貝塚時代（琉球諸島に特有の年代）が始まる頃までの一万年ほどの間、琉球の島々は無人に近い状態であったとの仮説が提起されている。そうなると、港川人などは、のちの本州の縄文人とも、沖縄の貝塚時代人とも、血縁的なつながりがないことになる。

貝塚時代は、本州の縄文時代から弥生時代、さらには中世の頃までと続くが、十二世紀の頃にグスク時代を迎える。この貝塚時代の人々は、縄文文化などを携えて九州方面から広がってきた人々である可能性が強いようだ。さらには、南九州の「弥生人」との身体特徴の類似性が指摘されている。南海産の貝殻類を北にもたらすなどの交易活動に携わり、黒潮圏を行き来していた人々がいたことを物語るのだろうか。もちろん、台湾方面から来た人々もいたことだろう。

グスク時代には、琉球諸島の各地にグスクと呼ばれる城塞が多く築造され、それらを地盤にして地域勢力が割拠した。グスクを中心にして、本格的な農耕活動が始まり、人口が急増したようだ。十五世紀初頭には琉球王国が統一するものの、一六〇九年に薩摩軍の侵攻に敗れ、辛酸をなめてきた。さらに一八七九年に明治政府の琉球処分により、廃国され、日本国の沖縄県となるなど、独自の歴史をたどってきた。

ともかく、土肥《どい》直美（琉球大学）らの研究によると、貝塚時代の人骨は、小柄な「縄文人もどき」である南九州「弥生人」のそれと類似、さらにグスク時代の人骨は、のちの日本人のものに類似するとのことである（安里《あさと》・土肥、一九九九）。現代沖縄人のｍｔＤＮＡ型を調べた篠田謙一（国立科学博物館）の研究でも、血清Ｇｍ型を調べた松本秀雄（大阪医科大学）の研究でも、今の日本人の範疇におさまることが明らかにされている。

縄文時代や弥生時代に南九州から拡散した人々に始まり、さらにその後、広く東シナ海から日本海にかけての九州や本州から流入した人々が混じるようにして、琉球諸島の人々は形成されたのではあるまいか。

この言いかたは実は、いささか安直にすぎるかもしれない。おそらくは中世の倭寇の頃を頂点にして、ことに中央部の沖縄諸島は台湾とともに、地政学的には、東南アジアと東アジア、中国大陸と日本列島とを結ぶ「東西南北の十字路」の役割を果たしていたはずだ。ことに日本列島から台湾や東南アジアの方面をめざす中世の人々には絶好の中継地となったことだろう。その頃のほうが案外、縄文時代や弥生時代よりも、北からの日本人の流れは大きかったかもしれない。そのことを人々の身体特徴は物語る。だが、その流れがどれほど大きかったのかは、定かでない。

このように琉球諸島の人々は、独自の歴史を歩んではきた。それゆえ、いささか文化基盤を異にする。だが、身体特徴の面では本州域の日本人と大差がない。言語に関しては、むしろ日本語の流れをくむ。それゆえ基本的には、縄文時代以来の日本列島人の歴史の枠内で考えることは、けっして無理筋ではないだろう。この点、アイヌの場合とは、いささか事情を異にするようである。

コラム6 神戸の新方人骨でわかる弥生時代の真実

神戸市の西端にあり、明石川のほとりに広がる新方《しんぽう》遺跡は、弥生時代の前期から中期にかけての墓所遺跡である。土壙墓や木棺墓などに埋葬された一〇人分あまりの人骨が発掘されたのは一九九七～九九年のことである。この遺跡で出土した新方人骨は、近畿地方「弥生人」の実像について教えてくれる。

卑弥呼の時代以降、日本史の中心舞台となった近畿地方だが、とびきり骨類が残りにくい土地柄ゆえ、十分に検証できるだけの人骨の絶対数が少ない。そのため新方人骨が見つかるまでは、日本史の節目となった倭人の時代、特に弥生時代の人々のことについては、ほとんどなにもわかっていなかった。北部九州あたりと同様、渡来系「弥生人」が多くいたのか、それとも、縄文人の流れを汲むとおぼしき「弥生人」が多くいたのか。さらには、のちの近畿地方の古墳時代人と、どうつながっていくのか、などなど、課題が山積していた。

そんななかで見つかった資料価値が非常に高い人骨である。十分な調査が可能なほどの保存状態であり、しかも、ひとつの遺跡でまとまって見つかったものだから、まことにありがたい。それゆえに周到に発掘され、たっぷりと時間をかけて分析された。その結果、耳を傾けるべき多くの知見が得られた。

まずは埋葬姿勢。縄文時代のものとも、北部九州などの渡来系「弥生人」のそれとも大いに異なる珍しい姿勢で埋葬される人骨が多いことがわかった。なにやら特別な死因、たとえば争いごとで犠牲となった者の遺骨が混じることを暗示する。実際、四人分の骨格はサヌカイト製の石鏃《せきぞく》を伴った。なかには、それらが射こまれた状態で見つかり、尋常でない死を迎えたとしか思えない者の遺骨があった。

また、多くで縄文人に見られるのと同じパターンの風習抜歯の痕が認められることも注目に値する。そして大半の遺骨について、鼻骨や下顎骨、さらには下肢骨で、縄文人の骨に特有な特徴が備わっていた。つまり、大きく存在感のある鼻骨、エラが張り下顎枝が高い重厚な下顎骨、巨大腓骨《ひこつ》などの特徴を示す。いずれの顎の骨も、毛抜き状咬合であり、咬耗が強いことが目立つ。推定身長も縄文人なみ、成人男性で一五五〜一六〇センチほどであった。ともかく、そろいもそろって、縄文人と見まちがえるような顔立ちと体形であった。

これらは、なにを物語るのか。まずは、弥生時代になっても、近畿地方には、縄文人と同じような身体をした人々が少なからずいたこと。そして、弥生時代中期にはすでに、争いごとが珍しくないほど世相が混乱していたこと。いわゆる渡来人は、近畿地方では多数派でなかったかもしれないことなどである。

第7章 旧来の歴史観はどこが誤っているのか

1　歴史教育の欠陥

†歴史教育の理念

ある小学校の高学年に、縄文人について話をしたことがある。子供たちは興味津々の面持ちで聞き、矢継ぎ早に素朴な質問を投げかけてきた。これにはカルチャーショックに近いものを覚えた。ほぼ同じ内容の話を聞くときの大学新入生たちの無表情さとの間に大きなギャップを感じたからである。

中学校や高校の歴史教育には素朴な疑問をはぎ取るような、なにかしら、からくりがあるのだろうか。それはなにか。戦前の神話史観にあった「鷺《さぎ》を烏《からす》と言いくるめる」ような、あるいは「鹿を指して馬と為す」ような、なにかの色に染めるような意図が隠されているとしたら、大いに問題であろう。

そこで、日本での歴史教育、ことに中等課程における歴史教育について考えてみたい。もとより、歴史教育の実務に身を置いてきた人間ではないので、年寄りの冷や水、的外れの誹《そし》りをまぬがれないかもしれないのだが。

なぜに子供の頃から歴史教育が必要なのか。言うまでもないことだが、歴史教育の根本は「温故知新」にあり、その感覚を身につけさせるためだろう。算数教育ならば、物事や出来事の筋道や道理を理解する術をつけさせる。国語教育ならば、みずからを表現し、他人をおもんぱかるセンスを磨かせる。

歴史教育は、先人たちの生活の知恵を知り、それを現代に活かす知識を身につけさせる役割を果たすべきだろう。それと同時に、世界のなかでの近隣諸国民との間でみずからの立ち位置を知らしめる役割を果たす。つまりは、広く深く人間の歴史の営みや歩みをふりかえることで、それぞれが属する国や社会や民族の特性のようなものを自覚し、みずからのアイデンティティを確かめる。「アヒルのように歩き、アヒルのように鳴き、アヒルのような格好をしていたら、それはアヒルに違いない」――そんな感覚を養うのだ。

そして、過去の人間が演じた叡智や愚行のあれこれを学ぶことで、みずからの処世訓を身につける素材とする。忘れてはならない出来事を反芻《はんすう》し続けることで、一人ひとりが生活の知恵を更新し続ける。個人の一生が人生ならば、歴史とは、それぞれの民族や集団がたどってきた運命のようなものであろう。生き物を育てるように、その感覚を保持していく。それこそが歴史教育の要諦ではあるまいか。そう念じてやまない。

もとより、ひと昔ふた昔ほど過去の歴史的事象が積分蓄積され、それらが投影されるように生じるのが、そのときどきの諸事象である。この意味で、わたしたちの身のまわりの出来事は、すべて歴史的産物なのだ。いきなり、あれもこれもが脈絡なく表出するわけではない。一人ひとりの個性が、その生い立ちを反映するように、人間社会や民族の個性は、それぞれの民族や社会がたどった歴史の積み重ねとして形成される。だから歴史を学ぶことこそが、現代社会の仕組みや民族などのありかたを知る王道なのであり、それぞれの民族の固有の歴史の奥行きと広がりを量ることこそが、多様な社会や民族を尊重する視点を育む近道なのである。

もちろん歴史教育とは、いつ、どこで、誰それが何をしたとかの詳細をやみくもに覚えさせることではない。わかりきったような事柄や年号を事細かに暗記させることでもない。小谷野敦が言うように、「歴史の知識は、だいたいでいいのである。……知識人や学者が専門的な議論をする時は、「だいたい」では困る。しかし、一般読書人（拙註――中学生や高校生はもちろん）の歴史の知識は、だいたいでいいのである」（小谷野、二〇一三）。

人間の営みに対して覚える知的好奇心を涵養し、自他の社会の違いに対する自立した思考力を培養するのが、歴史教育というもの。多くの人間が関わり築いてきた民族の個性であれ、各自が抱くアイデンティティの問題であれ、なにが事の本質なのかを考える契機をもたせること、それが重要なのである。

†先史時代にも歴史はあった

なぜ、いわゆる先史時代の縄文人や「弥生人」についても、いくばくかの教育が必要なのだろうか。

たとえば、なぜ「人種」差別や民族差別がくりかえされ、なぜ国があり戦争がたえないのか。その類の問題を考えるには、いわゆる文明社会、文字が発明されて以降の世界史を教わるだけでは、埒《らち》があくまい。それ以前の先史時代に問題のルーツは及ぶ。ところが歴史の教科書は、どうなのか。ほとんどというか、すべての中身が文明社会の興ってからの歴史に限定される。先史時代のこととなると、おざなりな概説が何行かそこらか、まるでアリバイ程度にあるだけ。なんとも愛想のないこと、このうえない。

およそ六〇〇〇万年か七〇〇〇万年前に始まる人類の歴史の大部分（九九・九％）は先史時代なのである。人類の歴史全体を一年にたとえるなら、エジプトやメソポタミア文明などが興ったあとの歴史など、大晦日の最後の何時間分でしかないわけだ。爪の垢ほどもないのだ。なのに、その「数時間分の歴史」、つまりは人間の歴史という長篇ドラマの最終場面だけが、まるで偏執狂のように、やけに詳しく教えられる。

実際、文字はなくとも、先史時代にも立派な歴史はあったはずだ。現在見られるような複雑な民族模様や、個性あふれる民族性、多様な社会のありかた、さらには、さまざまな生活環境を最大限に利用する知恵や知識が芽生えたのは、まさに先史時代である。いきなり文明社会が生まれたのではない。いわば助走しながら弾みをつけた時代、背景となる時代、それが先史時代なのである。

たしかに歴史という物語（実際、歴史《ヒストリー》と物語《ストーリー》とは語源が同じ）の醍醐味は、めまぐるしき政治勢力や国々の興亡、華々しき事象や事件の展開にあり、めくるめく登場人物のキャラクターにあるだろう。だから先史時代の歴史は、一人ひとりの人物の個性的な動きが見えないために面白くない。物語性に欠ける。だから教えても意味ない。先史時代のことを軽んじるのは、そんな理屈だろうか。

それと同時に、日本独特の縦割りの学問体系のこととも関係があるだろう。大人となり思考パターンの傾向ができる前から、「理系人間」か「文系人間」かに分け隔ててしまい、あるいは教育や研究のシステムを「理系」と「文系」とにぶった切る風潮がある。

このことがゆえに、人間の歴史も真っ二つに輪切りにされる。文字のある歴史時代は「文系の時代」、それ以前の先史時代は「理系の時代」であるかのごとく、これまた、縦割りにされてしまう。頭のてっぺんと爪先ほどに違うと考えられる。だからひとつの教科として組みたてるのが難儀なのだろう。それに歴史教科は「文系」なのだ、と考えるから、なによりも文字史料を大切にする。ただの「物」や「痕跡」しか使い物にならない歴史は、所詮、「前史」か「先史」、あるいは「歴史もどき」。そんなものから、はっきりとした上部構造的なことを語るのは、邪道だとさえ考える向きさえある。

†広義の歴史学

しかしながら実は、文字のない先史時代のことが不確かなままだと、人間性や民族性が形成されてきた理由や道筋、あるいは構図のようなものが見えにくいこともたしかだ。たとえば日本の歴史教科書の構成や内容は、まるで神話的歴史観を踏襲するかのようでもある。つまり、そもそもの初めから、人間は完成した形で、日本人は日本人らしく、颯爽と登場してくる。だからこそ、そもそも「人間とはなんぞや」、「日本人とはなんぞや」、「日本人の始まりとはなんぞや」などなどの問題意識が生まれにくいわけだ。

つまり、日本の歴史教育は「狭義の歴史学」なのである。先史学を含む「広義の歴史学」ではない。もちろん、後者の歴史学でないと、日本人の来歴などについて十分に理解するのは難しいだろう。まるで方法論が異なるからだ。

あるとき、たいへん含蓄に富む記述を目にした。日本的歴史方法論と普遍的歴史方法論との違いを言い得て妙である。それを簡単に引用しておこう。司馬遼太郎の著作で見たものだ。人類学の碩学である金関丈夫《かなせきたけお》（九州大学）が書いた手紙の一部を引用したくだりである。ここで登場する私とは、金関が台湾大学（旧台北帝大）にいた頃の同僚であった国《こく》分直一《ぶなおいち》（考古学）のことである。

「今日は史学（引用者註――狭義の歴史学）と考古学（引用者註――先史学）のちがいをお話します。たとえば私の家内から私に手紙が来たとします。その手紙には別にアナタを愛します、とは書いてありません。するとこの手紙は私の家内が私を愛しているということを知るための史学的資料にはなりません。しかしですね、その手紙をよく見ると、私の名前のところが少しばかり濡れた跡があります。文句には表わされていませんが、これを私の家内が私の名のところにキスした痕跡だと推定することによって、私の家内がいかに私を愛しているかということを知る上の、これは立派な考古学的資料になるわけです。つまりこれが、史学と考古学のちがいなのです。わかりましたか」

とどのつまり、なにゆえに日本人は魚食好きなのか。なにゆえに日本人は花鳥風月を詠い、虫が鳴き、花々が咲き、鳥が舞うを愛でるのか。そんな問いにも、歴史学は答えねばならぬ。現行の日本史教育では、なにも思いが及ばぬこと、関わりなきことと、そんなふうに考えられてはいないだろうか。

†ボーダーレス化した現代社会に必要な世界史教育

世界史教育にまで脱線してみたい。「世界はひとつ」のお題目は格好良いが、実際は「弱肉強食」の世界のまま。歴史にも「強い歴史」と「弱い歴史」があるようで、どの大陸か、どの地域か、どの国かで、それぞれの歴史の比重の置かれかたは同じではない。

中等教育の世界史は、その中身の大半を西欧史と中国史とが占める。まさにユーラシア大陸の歴史なのである。西洋史と東洋史だけが世界史なのか、と茶々を入れたいほどだ。つい最近まで先史時代が続いたサハラ砂漠以南のアフリカ大陸やオセアニアのことは言うにおよばず、有数の歴史が続いた西アジアやアメリカ大陸なども、教科書流の世界史の舞台に、ほとんど登場しない。前者など、やっと近世や近代の章になって、ヨーロッパ人が世界各地を渉猟するようになったときにエピソードのように記述される程度である。

これでは、あまりにも不公平ではないか。偏りすぎではあるまいか。偏向ははなはだしいではないか。ヨーロッパ人や中国人の歴史観の受け売りがすぎるのではないか。とくにアフリカなどは、そもそも人類の歴史の揺籃《ようらん》の地であったため、歴史の奥行きそのものはヨーロッパなどよりも格段に深い。しかも、ユーラシア大陸の広さなど、たかだか地球の全表面積の六分の一にも満たない。それ以外の大陸を合わせた面積のほうが、はるかに大きい。なのに、アフリカ大陸やアメリカ大陸、さらにオセアニア地方の歴史が、ほとんど紹介されないとは。なんという不当な扱われかたか。

これでは、ユーラシア以外の地では人間の歴史が存在しなかったかのごとき不当な先入主を抱かせかねない。こうした世界史教育の偏向や不公平がもたらす影響は、ことに各民族に対する歪んだまなざしを招くという点で、はなはだ大きいのではないだろうか。

大学に入ってきた新入生などに質問すると、往々にして、愕然とするような答えが返ってくることがある。その最たるものがオセアニア地方についてなのだが、アフリカ大陸やアメリカ大陸の歴史についても、およそ無知である。これらの地方では固有の歴史が存在せず、西欧人が来たときに初めて人間の歴史が始まったかのごとく誤解している者さえいるようだ。ことオセアニアにいたっては、西欧人が来るまで、人間の住む場所ではなかったかのように、たいへんな勘違いをしている者も少なくない。日本の歴史教育の欠陥、ここに極まれり。

いくら人間の尊厳を大切にしよう、人間みな同じ、異民族も尊重しよう、などと唱えても、それぞれの民族に固有の歴史があること、かけがえのない歴史があることを十分に理解しなければ、空念仏に終わるだけ。ときどき西欧人などの間で見られるように、アフリカ系やアメリカ先住民系の人々に対して、さらには、オセアニアのオーストラリア先住民やニューギニア人やポリネシア人などに対して、偏見視するような意識が芽生えたとしても、なにも不思議ではないわけだ。

世界全体が坩堝《るつぼ》かサラダボウルのようになり、さまざまな民族の人たちが交差するボーダーレス世界となった今、日本での世界史教育は、それにふさわしい形で多元的多方面的に教えるように軌道修正されるべき時期にさしかかっている。

†失われた歴史の全体性

さらにくどいようだが、日本史という教科の問題点について、もう少し深入りして、いくつかの問題点を挙げてみよう。

日本史の中等教育についても、世界史の場合と同じようなことが言える。ともかくは、日本史の対象となるべき日本列島における人間の歴史の全体性が十分に考慮されているとは言えない。ことに縄文時代や弥生時代などの先史時代のこととか、地方史あたりの記述がぞんざいにすぎ、常民レベルでの視点が希薄にすぎるように思う。

飛鳥・奈良時代以降の歴史、つまりは文字があらわれてから後の歴史時代に入ってからの歴史、それこそが日本史なのであり、それ以前の歴史は日本史にあらずといったところがある。たしかに国家「日本」の歴史ならば、それで問題ないのだろうが。「日本のかたち」、あるいは「日本文化」は、すでに出来上がっていたわけであるし、「日本人」ということで話をするなら、当然のこと、それ以前にさかのぼらないと、なにがなんだかわからないだろう。かくして、「日本人とはなにか」を問う帰属意識と「日本とはなにか」を問う国家意識とが乖離をきたすことになる。

いずれにせよ、古墳時代の国家形成前夜のことはともかく、弥生時代以前、とくに縄文時代のことなどについては、ひどいものだ。一万年くらいに及ぶ時の長さを、長くて一時間か二時間ほどの超短い時で駈けぬけていくようなカリキュラム。ともかく、先史時代の歴史に対する扱いは粗雑にすぎる。

それとともに、もうひとつの民族であるアイヌの歴史、ほとんど別々の歴史を歩んできた琉球諸島における歴史は、ほとんど蚊帳の外。その「つけ」のようなものが、「アイヌ問題」「沖縄問題」という形で表れているわけだ。

たかだか一五〇〇年くらいの間に本州の一部で起こった、とるにたらないほどに短い歴史が、あたかも日本の全史であるがごとき、そんな錯覚さえ与えかねないのが、実は「日本史」なのである。これでは縄文時代など、まるで外国でのことのように思い、縄文人などを自分たちの遠い祖先とは思いたくないとして育つ子供がいても不思議ではない。日本列島での人間の歴史は、何万年か前の旧石器時代に始まるわけで、案外に長く、けっこう遠近感のあるダイナミックな歴史でもある。それなのに、教科書流の日本史は、その尻尾のほうに偏りすぎる。実は日本列島の歴史とは、一〇〇メートル競走にでもたとえれば、その大部分は先史時代の歴史であり（22頁の表1）、日本人という民族的な存在は、その時分にすでに、ほぼ出来上がっていたというのに、だ。

たしかに先史時代に関する記述はたぶんに曖昧にならざるをえない。だから、不確かなことは詳しく教えないというのも、それはそれで卓見なのかもしれない。それも教育のひとつのありかたに違いない。しかし歴史時代の事象でも、実際には、文字による記録があるから客観的でまちがいないと断定できるほど、事は単純ではない。実は文字史料のなかにこそ、作為性や恣意性が潜んでいるのではないか、と、私自身は懐疑的になる。だから合点がいかないのだ。

†日本人のアイデンティティを育む日本史教育を

ことほどさように、歴史教科書は、いずれの時代の事象を描写するにも、なんらかの出来事を記述するにも、ともかく断定的な表現が多すぎるのではなかろうか。しかも、固有名詞のオンパレードである。歴史教科が暗記科目と誤解されるのも、むべなるかな、と妙に納得してしまう。本当のところは、歴史科目は用語の羅列性のなかに埋没するのではなく、事象現象の物語性のほうに軸足を移してもらいたい、と思うのだが。

皇国史観をめざした戦前の国史教育への反動でもあろうが、戦後の日本史教育は、日本人としての過激なアイデンティティとかナショナリズムを植えつける部分は、できるだけ避けようとする方向に向かったのは事実である。

それと受験戦争が激化したために、歴史の教科を些末な項目で満たし、できるだけ曖昧な記述を遠ざけることとなった。そもそも、なんらかの歴史観に裏打ちされない歴史学などないのに、そのことを曖昧にしたまま、ただ「事実」だけが教え詰めこまれてきた。まるで枯れ木のような湿り気のなさ。なんとも味も素っ気もない教科に成りはてたものではないか。歴史学にも美学のようなものはあるべきだろう。歴史好きの人たちは、そんな歴史を求めているのだ。

いずれにしても、ミステリー小説にも似た物語性が希薄で、まるで登場人物の顔が見えない歴史教科、そうした日本史を習ったら、知らず知らずのうちに、欲求不満におちいるのだろうか。そこで、ごく簡単に素通りするだけだった先史時代にノスタルジアを感じるから、考古学ブームなどが起こったりもするのだろう。そこからは、「豊かな縄文人」論とか、「明るい弥生時代」論など、いささか的外れで感傷的に流れ、感性のかけらもない幻想じみた際物論議が生じやすい。

また副次的症状として、日本人のアイデンティティの問題に尋常ならざる興味をいだいたりすることにもなり、「日本人の起源」論などという出口の見つからぬ、タコ壺のような問題に執心することになるのだろう。たっぷりと日本史教育を受けても、いったいどこに自分たちの民族的基盤があるのか、いったい自分たちがなんたる存在なのか、よくわからない。それで不安になるのかもしれない。

「日本人とはなにか」、そんな日本人論が盛んになる理由も、そのあたりにあるのではなかろうか。この日本人論、戦後日本の社会現象のようでもある。外国の人ではなく、日本人自身が自分たちのことを知りたいというわけである。ともかく日本のように、自分の国に関する歴史教育に多くの時間をかけている国では、なんとも珍しい現象であるらしい。あるとき、日本学を専攻する某外国人研究者から聞いたことを、あらためて思いだす。

「日本人とはなにか」、それは日本学的には「日本人論が好きな人たちのことである」という言いかたができる、と。

いずれにせよ歴史教育の理念理想は、世界の各地でくり広げられてきた人間の歴史に対する知的好奇心を涵養することにある。自他の民族性や社会に対する自立した思考力と想像力を培うことにある。そうして、現代の国際的諸条件に適応するべく自分自身の処世術を磨くことにある。

世界史教育の地域偏向性や不公平性は、各民族に対する歪んだまなざしを招きやすいという点で看過できない。日本列島の人間の歴史は、旧石器時代に始まり、案外長く、けっこう遠近感にあふれるダイナミックなものだったことを誇りに思うべきだろう。日本列島の独特な地理的条件のたまもの、多様で豊かな生態条件にうまく適合し、花鳥風月を愛で、心豊かな生活を存分に嗜んできた歴史があったことに思いを馳せるべきだ。くりかえすが、その始まりは縄文時代にまでさかのぼるのだ。

2　間違いだらけの歴史教科書

†とんでもない顔立ちの肖像画――織田信長や聖徳太子

日本史の教科書などには、数は少ないが、ところどころに歴史上の名高い人物の肖像画などが登場する。ことに有名なのが、織田信長像や聖徳太子像（最近は削除されているようだが）などである。

これらは、実のところ、たいへん怪しげなもの、あるいは謎めいたものが多いようだ。もっとも問題なのが、実際に当の人物ではなく、まったくの別人を描いたものの類。次に問題なのが、描かれる人物や製作者の意図が盛りこまれたものの類。なにしろ肖像画であるから、描かれたほうも描くほうも、それぞれの意図が紛れこむのが道理というもの。さらに問題なのは、人間離れした顔で描かれたものの類。なにがしかのプロであろう描き手の手になる作品だから、当然のこと、その人の流儀や当時の流行に左右されるわけである。ところが、それがくせもので、芸術的にすぎるのだ。美術図工の教科書などならともかく、リアリズムこそが前提となる歴史教育にはふさわしくないだろう。
最初の例では、京都の神護寺《じんごじ》に所蔵されている「伝源頼朝像」などが有名。足利直義《ただよし》がモデルとの説に信憑性ありとされるが、そうだとすれば、一世紀もそこら後の人物を描いたもので、まことにいかがわしい。この種のものとしては、武田信玄像や西郷隆盛像などの多くが指摘されているが、なんと言ってもいちばんの問題作は、「聖徳太子二王子像」であろう。どうもコスチュームに問題があるようで、本当は中国で描かれた小野妹子ではないか、との説が三〇年以上も前からあるそうだ。

聖徳太子像は別の面でも気になる。あの頭でっかちで短脚の身体プロポーションは、そもそも人間の身体とは思えない。それと顔立ちも気になる。ことに耳（外耳）が非常に高い位置に大きく描かれており、眼鏡を掛けることもできないほどの人間離れした顔である。

実は愛知の長興寺《ちょうこうじ》所蔵の有名な「織田信長像」も、とんでもない顔立ちで、ピカソの絵にも遜色ないほどデフォルメされている。ともかく人間の顔とは思えないほどに、鼻が大きすぎ、口が小さすぎるのだ。これが大誇張ならば、まさに芸術作品なのであり、歴史教科書の類に掲載すべきではないだろう。たしかに、平安時代の頃から、人間の顔はうりざね顔、鼻は大きく、口は極端に小さく描く風潮があったようだが、その流れに位置する芸術なのかもしれない。

「信長のデスマスク」なるものが現存していて、実際、信長は大きく高く力強い感じの鼻をしていたようだが、その鼻は肖像画ではさらに誇張されている。当然、口も大きかったようだが（人間の鼻と口の大きさは相関する）、そうした顔の特徴が、鼻だけ強調されて、口のほうは当時に流行した肖像画の様式を踏まえるのが、くだんの肖像画なのである。

いずれにしても、こうした例は枚挙にいとまがない。写実主義に徹するべき歴史教科書だからこそ、人物像なども実像と虚像とをゴチャ混ぜにしてほしくない。より具体的なイメージを喚起させようとの意図があるのかしれないが、古人骨から復顔するなどの方法で時代性のある人物像を提示してもらいたいものだ。

†リアルな人物像をうとむ歴史教科書類

本当のところ歴史学とは、その主人公たる各時代の人々のこと、その人々の生活や営みのこと、ある特定の人物による事績のこと、人々が創意工夫を重ねてきた生活手段や文化事象や社会装置のこと、人々が引き起こした事件性を有する出来事のことなどを、通史的に記述する物語である。その物語性を総合的に編集・編年することで時代性を抽出する学問的営為なのである。

だが、あくまでも主人公たるべきは、現実に往時を生きた人々なのであり、その事績・

功績の類ではない。もちろん政治経済のことでもなく、文化や社会や習俗に関わる事柄でもない。文化が文化を産むわけではないし、文化が社会を作るわけでもないのだ。ましてや、誰それかの固有名詞が、あるいは文化や社会が戦争を始めたり、制度改革をなし遂げたり、村や町や都市などを治めたりするわけでもないのだ。

たとえ、歴史《ヒストリー》と物語《ストーリー》が語源を同じくするとしても、あくまでも、歴史という物語はノンフィクションなのであり、フィクションではない。歴史の各場面で起こる輻輳した物語はミステリーのようではあっても、それらを切り売り、色塗り、弄ぶことはできない。小説のようであってはならない。歴史のリアリズムが一貫されねばならない。

だからこそ、生き生きとした表情の人間が登場しなければならない。歴史の記述にはリアルな人物像が欠かせない。それがなく、人物名だけが一人歩きするなら、もはやそれは、たんなる説話の類である。人物名は特定の人物を具体化するだけの道具のようなもの、歴史の物語性を強調する仕掛けのようなもの、なのだ。

もちろん固有名詞は必要だ。だが、それだけでは画竜点睛を欠く感が否めないのも、またたしか。もちろん研究書や専門書の類なら、それだけで、なんら問題はないだろうが、歴史教科書となると、どうだろう。まるで主役の顔が見えず、人物名や文書名や地名など、あるいは事物や事象や事蹟のことなどが氾濫するだけなら、リアリズムが削がれることになるから、教育される側に、どれだけ身近な出来事として受けとめられよう。歴史のなかに潜むミステリー性が十分に伝わることはないだろう。

ことほどさように、日本史の教科書では登場人物のリアルな画像表現が少なすぎる。あるにはあるが、とても生身の人間をイメージできるような代物でないことが多い。

今の時代、戦前や、昭和の頃とはわけが違う。その気になれば、考古学の遺跡で発見される頭骨資料を活用して、CTスキャンや3Dプリンターなどの最新鋭装置、それにCGグラフィックなどのノウハウにより、当時の人々の生き生きとした人物像が簡単に復原できる。そのほうが絶対にリアルなのである。

†それぞれの時代を表現する人物像の描き方

縄文人と「弥生人」とを対比して、「二重まぶた」に対して「一重まぶた」、「大きなパッチリ目」に対して「切れ長の目」、「厚い唇」に対して「薄い唇」、「分離型耳たぶ（福耳）」に対して「密着型耳たぶ」、「濃い髭」に対して「薄い髭」、「濃い皮膚色」に対して「薄い皮膚色」、「波状毛」に対して「直毛」などと、さまざまに区別して描くのが定番のようになっている。よく博物館の特別展示会などで目にするがごとく。さらにはテレビ映像や一般の出版物などでも、しばしば見かけるであろうが、こうした想像図は、眉に唾をしながら見ていただきたい、と思うものだ。

と申すのは、「思いこみ思考」というか「みなし思考」の産物だからである。本当のところは、これらの表現が妥当なのか否か、私にはわからない。生きた縄文人にも、生きた「弥生人」にも出会ったことはないから、もちろん顔などを見たことがないからだ。それに、これら軟部組織での顔の特徴のことは実は、骨を調べても判別できない。骨から復原できる鼻の大きさや高さ、横顔で見る彫りの深さ、おでこの膨らみや額の大きさ、落ち目や出目の傾向、頭の形や顔の形、口もとの出かた、顎の大きさや華奢さかげん、上下の歯の噛み合わせ、頬やエラの張り具合、などなど。そんな特徴とは異なり、復顔図で描くのは無理筋、そんな特徴なのだ。

さらに申せば、縄文人でも当然のことながら、少なからぬ割合で、一重まぶた、切れ長の目、薄い唇、密着型耳たぶ、薄い直毛の髪や髭、薄色の皮膚などの特徴をもつ人はいたはずである。ある時代には二重まぶたの人しかいなかったとか、あぶら耳垢（Wet Type Earwax）の人しかいなかったとか、別の時代には、違ったタイプの人しかいなかったとか、そんなことはない。

もちろん地域性や時代変化というものがあったから、ある特徴をもつ人の割合が、地域により、多少の多寡があり、時代により、多少の変化はしただろうが、ともかくは二分論

図12　現代日本人の顔
――縄文人似も「弥生人」似もいない！

写真のお二人はわが親友である。もちろん私には、どちらが縄文人により似ており、どちらが「弥生人」により似ているかなどわからない。たしかなのは、どちらも縄文人にも「弥生人」にも似ていないこと。そもそも現代日本人に、縄文人似も「弥生人」似もない。ときどき「私は縄文人顔」「あなたは「弥生人」顔」などと素面で話す人がいるが、そんな話は、お酒の場などで願いたい。

的に考えるべきではない。縄文人に二重まぶたの人が多かったか少なかったか、厚き唇の人が多かったか少なかったか、そんなことは、「神のみぞ知る」の領域なのだ。要するに、写真像などない昔の人々の人物像については、わからないことはわからないのだ。それに、縄文人の瞼は二重で古墳時代人は一重などとやると、ステレオタイプなイメージが生まれやすい。なにかを決めつけるような表現をするのは慎むべきではないか。

このことは別として、「それぞれの時代の日本人」というタイトルで肖像画を描くとすると、はたして、どんな人物像が描けるだろうか。一人の人間の個性を表現するのではなく、民族性や歴史性のようなものを表す肖像画である。もとより私に絵心などはないから、そんなものが現実に描けるのかどうか、わからない。たぶん、顔立ちや体形についてしか、描けないだろう。でも、保存状態のよい人骨さえ残っていれば、それほど難しいことではないかもしれない。

ただ一つ、どの時代についても当然のこと、個人差があったこと。弥生時代以降、地域性が強くなったであろうこと。さらに古墳時代のあたりから、階層分化や身分による分化のようなものが生まれたであろうこと。さらには中世以降、たとえば貴族と庶民、武士と町民、都市生活者と農民、漂泊者と定着者などの間で多様性が輻輳していたであろうこと。さらに近現代となり、そうした地域性や多様性が薄れて曖昧になったこと。そんなことを忘れないでいただきたい。

3　旧来の歴史学の時代区分のおかしさ

†中等教育でこぼれる縄文時代と弥生時代

手もとにある高校用の某日本史教科書の目次をめくると、〈第1部　原始・古代〉、〈第2部　中世〉、〈第3部　近世〉、〈第4部　近代・現代〉と、大きく章立てされている。要するに、こういうふうな時代区分が一般的、常識的であり、公認されているということなのだろう。

そこで次に、第1部の中身を吟味するため、〈原始〉と〈古代〉とで指定される時代のことを調べてみた。どうやら〈原始〉とは、縄文時代と弥生時代のこと。そして、〈古代〉とは、飛鳥・奈良・平安時代のことであり、古墳時代は両者の過渡期、あるいは〈古代のはじまり〉という構成である。

驚いたことにというか、愕然としたことには、この第1部は教科書全体の五分の一ほどでしかなく、しかも〈原始〉、つまりは縄文時代と弥生時代のこととなると、なんとまあ八頁分、全体の四〇分の一程度にしかならない。さらに縄文時代のことは、たったの三頁。一万年もの長きにわたり続いた縄文時代と、日本人のアイデンティティのことを考えるに欠かせない縄文人に関する記述は、まったくないにも等しい扱いなのだ。いったい日本史とはなんなのか。日本人の歴史という観点からすれば、まるで基礎工事が手抜きされた建築のようなもの。砂上の楼閣のようではないだろうか。

これらのことは何を意味するのか。日本という国では、大学に入学する頃まで（あるいはその後も）、縄文時代や弥生時代のことなど、まったくなにも知らなくてよろしい、ということなのだろうか。かりに八〇％の高校生が日本史を選択したとしても、たいしたことを学ぶ術はないわけで、残り二〇%ほどの人の多くは、大学でも日本史関係科目を履修しないだろうから、日本史に一生かかわりない人がいてもおかしくない。なにか、おかしくはないか。

縄文人や「弥生人」に関する教えは中学校の頃までに終わっているとか、高校の別の講義、たとえば「地理」や「世界史」や「公民」、あるいは「生物」などで教えるとかも、もちろんのこと、ない。そんなことは常識として身につけなくてもよい、と、お墨付きを与えているようなものである。ともかく私には、縄文人や「弥生人」のことに触れない人生など、わびしすぎる。

これを欠陥と言わずして、なにを欠陥と言うべきか。縄文時代や弥生時代のことを専門とする研究者たちは、けっして少なくはないが、さぞや無念に思っているのではないだろうか。なにしろ、公式な中等教育の場から完全に疎外されているわけだから。また、大学生などのなかに、縄文人や「弥生人」などのことを、架空の国の人たちか、異星人のような存在か、はたまた、どこか他所の国の人々のことか、と思っている人がいても、おかしくないわけだ。

†日本語の「古代」の摩訶不思議

それはさておき、いささか脇道にそれるが、先の日本史教科書の〈古代〉という言葉には違和感を覚えてならない。この言葉の語感にもよるのだろうが、ひとつの時代区分として専門用語ふうに使われていることが、不思議でならない。

そこで、たまさかに『岩波日本史辞典』、ついでに『角川日本史辞典』を開けてみた。前者には、「古代」や「古代人」の項目はなかったが、「古代王権」「古代国家」「古代社会」などがあった。これらは難儀である。執筆者の違いによるのだろうか、時期的ニュアンスが微妙に異なる上に、記述が難解きわまりない。後者では、「古代」の項目があった。これも難儀である。ようやく、三つばかりのことが判明した。日本史学では非常に専門的な用語として使われていること、世界史学でも専門用語であること、学者により微妙に意味合いが異なること、などなど、である。いささか絶望的にならざるをえない。こんなにも混乱していては、学生も一般人もたまらないだろう。

そこで広く一般的にはどうなのか、と思いつつ、手もとにあった『講談社カラー版日本語大辞典』(第一版)を引いてみた。ここには「古代」と「古代国家」の項目がある。ここにも「古代人」という項目がないのは、なんとも残念至極、というほかない。

その二つの項目は次のごとし。

「こだい［古代］①いにしえ。古い時代。ancient times; antiquity ②歴史の時代区分の一つ。中世の前の時代。世界史的には原始時代のあとをうけて、封建社会に進んでいない段階。日本では飛鳥・奈良・平安時代。」「こだい‐こっか［古代国家］古代における政治的秩序。古代奴隷社会の内部に生じた権力をさすが、ローマ帝国や中国の秦・漢のように、その発展につれて統一的な古代帝国の形成を見る場合が多い。ancient nation」

ここでも、「古代」という言葉が、ひどく混乱していることが一目瞭然。一般用語としてのそれと、日本史や世界史での業界用語としてのそれが、ひどく乖離しているのだ。日常的には、遠き昔のことを曖昧に示す時代区分として使われるのに、世界史と日本史ではそれぞれ、ローマ帝国や秦・漢の時代、飛鳥・奈良・平安時代を指す時代区分として使われる、ということなのだろう。まるで怪人百面相のごとき言葉ではないか。なんとかならないものか。

どうやら、私どものような歴史学を専門としない者は、「古代」などという曖昧にして複雑すぎる時代区分は使わないのが賢明にして、無難なようだ。まるで「古代」とは、鯨のようではないか。手摑みできないほどに巨大で茫洋としている。あるいは、朝もやのようではないか。朝がたの陽が昇る頃合いの景色のように朦朧としている。

†日本史における「古代」という時代

もういちだん、本題からそれることを許されたい。

ちなみに教科書流の日本史では、飛鳥・奈良・平安時代が古代、鎌倉時代から中世となることを教わる。一二世紀になってようやく、古代が終わり、中世が始まると聞かされるわけだ。なぜ鎌倉時代の始まりが、その分岐点となるのだろうか。ところが世界史の教科書では、ヨーロッパの場合、西ローマ帝国の崩壊とともに五世紀に中世を迎え、東アジアの場合、漢帝国の崩壊した三世紀に中世が始まる、と教えられる。いったいなぜ、東アジアと日本とでは中世の始まりと終わりとが、何世紀もずれこむことになるのか。日本は東アジアではないのか。

こうした日本史教育でなされる「古代」の時代区分について、「どうして、こういうことになったのか。だれがこんなふうにしたんだ」と、素朴な疑問を投げかけて、個人的な見解と称しつつ、この大問題に立ち向かうのが、井上章一（国際日本文化研究センター）の『日本に古代はあったのか』（二〇〇八）である。とても痛快、なんとも小気味良い書である。日本史関係の学界の奇妙な事情などもわかる。

かつて井上は、みずからが専門としてきた建築史の方面で、法隆寺のことを古代の建築として説明してしまい、外国人に聞きとがめられたことがあったそうだ。それで、日本の「古代」に対する懐疑の心が芽生えたらしい。そこで、日本の「古代」なるものを詳細に点検する。日本史の学史を洗い直していく。世界のなかの日本史という観点で両者を重ね合わせてみる。京大史学と東大史学の対立的構図、マルクス主義史学の問題点、ライシャワーや司馬遼太郎や梅棹忠夫の歴史観などに関する文献類を渉猟、蘊蓄を傾けていく。そうして、「日本に古代はない。日本史は中世からはじめうる」との結論に達する。

井上は建築史の観点から、日本では、二つの時期に都市や集落を防禦《ぼうぎょ》壁や環濠《かんごう》や土塁で囲う現象が起こっていたことを指摘する。ひとつは弥生時代、『魏志倭人伝』に記された「倭国の乱」の頃であり、もうひとつは戦国時代である。「千数百年の時をへだてつつも、つうじあう時代状況が、どちらの時期にもあったらしい」として、日本の中世の始まりと終わりとを提起する。

この両時期はともに、「切った張った」の痕を残す古人骨が多く見つかることからも、戦国時代の匂い漂う時代状況にあったことがうかがえる。私自身も非常に納得できる。

井上の主張は「関東史観」（あるいは「武家史観」）に対する果たし状でもある。「現行の日本史は、関東史観で全体がくみたてられている。関東を進歩的にえがきたいという想いで、ねじまげられてきた。私が関西側に淫しているというのなら、今の日本史も関東を美化しすぎている。お国自慢めいたところがあるという点では、五分と五分だろう」とは、痛快きわまりない。この関東史観こそが、鎌倉時代を古代と中世の分岐点とすることに元凶の役割を果たしてきたというわけだ。私は井上に軍配を上げたい。

†中世の兆しと古墳時代

いずれにせよ、わざわざ飛鳥・奈良・平安時代を一括りにして、「古代」として時代区分する日本史学の流れには、どうにも納得できそうにない。それに教科書流の「古代」は、いかにも曖昧にすぎるし、悩ましくもあり、いかがわしい語感がつきまとうから、中学生や高校生に歴史観を啓くためには、百害あって一利なし、というところではないか。そんな気がしてならない。

いじわるな言いかたをすれば、それは一種の自虐史観のようでもある。なにしろ、中国大陸では通り過ぎたかび臭い「古代」に、その何百年か後にして、ようやく日本は入るというわけだ。さらにして「中世」を迎えるわけだ。「古代」が良いか「中世」が悪いか、そんなことは別にして、周回遅れの感がまぬがれないだろう。昔から彼の地が先進地、こちら側は後発地、そんな感覚が生まれるとしたら、こんなこととも大いに関係しているのではなかろうか。

実際には、弥生時代のなかば頃から朝鮮半島と日本列島の間の海峡地帯は、海の回廊のごとしで、人間や文物が大いに行き来した様子がうかがえる、と、すでに述べた。紀元前後の頃から地球規模での寒冷化があり、あるいは中国の世相の乱れなどがあり、東アジアで民族移動が活発になった。その余波が海峡地帯経由で日本列島にも及んだ。おそらく日本列島も東アジア情勢のなかに組みこまれ、社会や政治の面でも大陸と同調したはずだ。だからこそ、倭国の大乱状況が醸成されたのだろう。その頃までが「古代」ではないのか。

日本列島人の身体現象を鳥瞰しても、弥生時代後期に相当する卑弥呼や邪馬台国の頃から古墳時代にかけてあたりが、歴史の潮目節目となったことがうかがえる。弥生時代には人々の地域性が顕在化し、そして古墳時代には、おそらくは国家形成へのプロセスや社会構造の複雑化に伴う階層分化のようなものが歴然と現れてきた。西日本王国か、あるいは近畿王国か、そのような権力構造が生まれ、「中世的な社会システム」が構築されてきたのではないだろうか。そんな見方のほうが理にかなっているように思うのだ。

縄文時代から使われてきた縄文語を基にして、輸入文字たる漢字が適用されたから、日本語が成立した。仏教も伝来し、古代の宗教とは異なる宗教的基盤も整ってきた。「中世」都市の長安をまねて、「中世」都市の飛鳥京や平城京や平安京などが作られるに至る基礎が、ようやくできたということだ。

こうして日本でも、ようやく世界史的な意味での中世が始まった。「邪馬台国以後を中世史とする時代区分は妥当であろうと考える」井上に唱和する。

4 「司馬史観」に物申す——日本人は一筋縄では規定できない

†日本人とは「司馬史観が好きな人たち」？

司馬遼太郎は泰山のごとき国民的文学者。この偉大な歴史文学者、そして紀行作家を畏敬してやまない。昭和を代表する語り部の一人とすることに誰も異存はあるまい。今どきの日本人の思考、思想、歴史観などに多大なる影響を及ぼしているのはたしかである。

だいぶ前のことである。オーストラリアで「日本学」の国際シンポジウムに参加したとき、某日系社会学者は、実は「日本人とは日本人論が好きな人たちのことである」と、のたもうた。けだし、名言ではある。

この日本人論というもの、あるいは戦後の日本の社会現象のようでもある。日本人のことをよく知らない外国の人がではなく、日本人自身が自分たちのことを知りたいというわけである。ともかく日本のように、自国の歴史教育に多くの時間を費やしている国では、なんとも珍しい現象であるらしい。戦後、日本人のアイデンティティがひどく揺らいだことに起因するのだろうし、そもそも「自分探し」が好きな国民なのかもしれない。

そんな日本人がみずからの歴史観を培うのに絶大なる安心感を与えるのが司馬文学かもしれない。ともかく歴史感覚が安定しており、その博覧強記ぶりは余人の追随を許さないから、読めば読むほどに、司馬史観の虜となっていく。だからだろうか、たいていの読み手が「司馬遼太郎信者」となっていくようだ。そのうちに「日本人とは司馬史観が好きな人たちのことである」と、のたまう社会学者さえ現れるかもしれない。

かくいう私自身もそんな一人なのである。とりわけ「街道をゆく」シリーズは、なによりもの愛読書であり、完璧にはまりこんでいる自分に気づく。ときに大地に生きる人たちの生活の知恵を描くエピソード類に感涙。ときに歴史的事情を洞察する鋭さに感激。ときに俚諺《りげん》で味つけした土地柄話に歓喜。ときに、なにごとにつけても的確な表現で説明する著者の感性に感嘆する。

ともかく、司馬遼太郎の語りは凜質のもの、天賦の才能なのであろう。知らず知らずのうちに、惹きつける。あるいは、したたかに人の心をたぶらかす。のめりこんでいくうちに、知らぬ間に、自分の脳裡のもやもやが晴れ渡っていくような気分が味わえる。新たなインスピレーションが湧いてもくる。

†卑下と自尊の間

だが同時に、司馬が展開する歴史観のようなものには、いささかの躊躇を覚えるのも、またたしか。たいていは読み終えて、しばらく経ってからであるが、違和感のようなものが反芻してくる。なんなのだろうか。たぶんに歴史的現実と叙情性とが、あえて混合され掻きまわされ、あまりにも格好良く登場人物が描かれすぎてはいまいか。

実は司馬の歴史観は、一見、ありのままの人たちを等身大に描く人間史観のようであって、本当は、そうではなさそうだ。もちろん小説の世界だから仕方ないところはあるが、あくまでも人物史観であり、英雄史観なのである。主人公の人間像は、いつも誇張され拡大されている。

そこで問題となるのは、どこまでが拡大像であり、どこから実像なのか、読み手を混乱させることだ。フィクションであるはずなのに、細々としたプロットが、あまりにもノンフィクションっぽいがゆえに、フィクションとノンフィクションの境界が曖昧すぎることになる。歴史ドキュメントのような小説、これこそが司馬文学の本質ではなかろうか。

日本人の歴史をありのままに理解するのに、そして、日本人のアイデンティティを現実と折り合いつけるのに、はたして、よかったのか、それとも不幸だったのか。私にはよくわからない。どうも後者のような気がしないでもない。

今どきの日本人の他民族を見る視覚のなかには、ごく普通の人間の視点に立つべきところなのに、どこか必要以上に尊大なところがあるか、わけもなくみずからを卑下してしまうようなところがあるようだ。自信がありすぎると同時に、自信がなさすぎる。二面的なのである。たぶん、それは不幸と言うほかないだろう。そのなかには、国民的作家である司馬遼太郎の影響が、いささかなりとも、あるように思えるのだが。

ともかく、この昭和の時代を象徴するような国民的作家の独特の歴史観は、今の日本人の脳髄に浸透しすぎて、ときに、いささか傾斜のきつい思想性のようなものを醸しだすところまで来ている。そんな気がしてならない。

†司馬史観に見る「民族」の濫用、「人種」の誤用

司馬遼太郎の書き物には、「民族」が非常に固定的に使われていたり、ときどき「人種」が誤用されているような表現が散見されたり、と、人類学者の私としては少々気になるところである。どうも司馬の頭のなかでは、「民族的なる集団」とか「人種的なるグループ」とか、そんな曖昧な言いまわしは御法度のようだ。だから、ハラハラし、ドキドキ

もする。

実のところ、「民族」とは、それに属するとする人たちのアイデンティティの問題なのである。つまりは、一人ひとりの意識の問題なのである。また「人種」とは、万世一系の固有のグループなどではなく、とにかく、陽炎《かげろう》のごとき人間の擬集合体を言い表す方便のようなものである。たんなる平均値で括るだけの寄せ集めのような概念装置なのである。

だから、ある「人種」と別の「人種」を画し線引く境界のようなものはなく、「いわゆる人種」とか「人種的な違い」などという曖昧な使い方しかできない。どちらの言いまわしもグレーゾーンが広い。人為的に線引きされる「国民」とは似て非なる用語なのだ。

もちろん、この両語には一般用語としての使い方がある。たとえば、「政治家という人種」とか、「肉食民族」とか。あれこれと野放図に使われる。この種の使用法はレトリックの問題なのであって、誰も目くじらをたてるいわれなどない。ところが司馬遼太郎の場合、けっこう安易に人類学の匂いが立ちこめるような筆法で頻用する傾向が多分にある。人類学の「人種」概念を使いこなすのは、猛獣使いにしかできそうにないほど難渋なのだが、それをやろうとしている。もちろん、誤用に近い形ではあるが。

たとえば、『街道をゆく13　壱岐・対馬の道』などでは、明らかに「民族」を拡大使用しているようで、あまり感心できない。

「同一民族とはやや似た顔つきや体格を共有し、日常のマナーを共有している。大ざっぱな意味で、歴史も共有している。歴史といっても、フランス革命や明治維新という可視的な過去を共有するというならいい。文字以前の古代というえたいの知れないものを共有するとなると、ひどくぶきみな相貌を帯びてくる。」

あるいは、『街道をゆく38　オホーツク街道』では、なぜだか「人種」という言葉が頻出する。アイヌやオホーツク人をテーマにしているからなのだろうか。おそらくは、一九八〇年頃まであった「人種学」の受け売りなのだろう。ともかく、曖昧さを旨とする昨今の人類学の「人種」概念に照らすと、かび臭い。

「むろん、人種としてはきっすいの黄色人種《モンゴロイド》……この人種は……たとえば白人種《コーカソイド》のように瞼《まぶた》が薄くなく、ぽってりと厚い。……」などなど。

もちろん、モンゴロイドとコーカソイドのルビがふられているが、黄色人種とか白人種とかは、どちらかと言えば、今ではスラング（隠語）の類である。なぜならば、「黄色い肌」も「白い肌」も、現実的な比喩ではないから、専門語としては使いにくい。「黄色いサクランボ」はあろうが、「黄色い人間」などいない。もしも黄色い皮膚色であれば、その人は黄疸《おうだん》の症状が疑われる。

いずれにせよ「民族」も「人種」もともに、さまざまな人間の集合のことを、いかにもわかったように思わせる摩訶不思議な言葉ではある。わかりにくいグループのことをわかったように思わせる「ためにする」常套語ともなりうる。今では、同じような効果をもつ俗語として「DNA」とか「遺伝子」とかが多用される。どうにも「うすら寒い」響きがする言葉ではある。便利なようではあれども、安易すぎる使用は避けるべし。「決めつけ」呪縛や「みなし思考」の原因となる。

ともかく司馬遼太郎は、よく似た意味でだが、「人種」と「民族」を多用する傾向にあった。それが司馬言説をわかったような気分にさせる論法にもなったようだ。その影響は、これからも残るだろう。うすら恐ろしい気分になる。ちなみに、司馬史観では「人種」のほうが「民族」よりも多用されたが、後者のほうが柔らかい響きを伴う。

†武家史観・関東史観

先に、日本人の歴史における潮目節目、あるいは結節点は、身体現象を読み解く限りでは、ひとつには、弥生時代の後半から古墳時代にかけての倭人の時代にあっただろうと指摘した。縄文人的な面影が薄くなり、のちの日本人の時代に向けて、日本列島人の歴史における過渡期となったからだ。

その流れは奈良時代に至って、律令制に基づく国家体制の確立へとしむけた。かくして、

「日本」という国が生まれ、ようやく狭義の「日本人」の時代を迎えた。日本人の歴史が大きく転換したわけだ。「人種」のようなグループとして、縄文人が生まれた。やがて、「民族」のごとき倭人に変わった。そして「国民」的な存在としての日本人になった。このようにして、律令制国家の成立こそが日本人の歴史の大枠を組みかえた。そんな言いかたができるのではなかろうか。

だからこそ、飛鳥・奈良・平安時代を「古代」に時代区分するのは、筆者の身体史観からは無理筋にあたるような気がしてならない。井上章一が論じるとおりである。律令国家を「古代国家」とするのは、なにか、こじつけのように思える。「古代」の語感からも、しっくりしないものを覚えてしまう。ならば、律令制国家の成立をもって、中世の始まりとみなすほうが理にかなっていよう。

ところで、鎌倉時代や江戸時代の始まりこそが日本史の画期、それが常識なのだ、とも語られる。関東史観というそうだ。もちろん、武家社会体制の成立と確立を日本史の転換点とみなす見方なのであり、武家史観とも呼べそうだ。司馬遼太郎の鎌倉革命説などは、その典型である。実際に彼は、公家によりも武家のほうに共感をいだいていたようで、現代日本人のモラルは、鎌倉時代の武家に由来する、とみなしていたようだ。しかし、モラルとかメンタリティは、たぶんに主観的な問題である。少なくとも身体現象からは、鎌倉時代の始まりとともに人々の顔立ちや体形が一変したなどとは、逆立ちしても言えない。

つまり、司馬遼太郎は「武士は食わねど高楊枝」の気風が好みなのであり、それあたりに司馬文学の原点が透けて見える。いわば英雄幻想のようなもので、司馬史観からは、ときにマジョリティをなす一般庶民の存在が置き忘れられたような感が否めない。私が違和感をいだくところでもある。

本書で展開したがごとく、身体史観を通して日本人の歴史を鳥瞰すれば、司馬遼太郎の歴史観には異を唱えざるをえない。なによりも、日本人の歴史の最大の節目は古墳時代の前後にあったらしいこと、そうなれば、むしろ西日本のほうに歴史の重心があったと考えざるをえない。それになによりも「日本人性」の原点は、弥生時代から奈良時代にかけての歴史のプロセスのなかに求めざるをえないからである。ともかく日本人は、日本列島で生まれ、育まれたのだ。

コラム7 伏見人骨が明らかにする江戸時代の庶民像

伏見人骨とは、京都市伏見区にあった廃寺の江戸時代の墓地（伏見城跡遺跡の一角）で出土した六〇〇人分以上にのぼる人骨資料。京都市埋蔵文化財研究所が二〇〇五〜〇六年に実施した大規模な発掘調査の際に見つかった。

江戸時代の初めから終わり頃にあたることが、放射性炭素年代測定により判明した。多くは方形の木棺か円形の木棺（樽）、一部は甕棺《かめかん》に納められていた。墓碑銘とか墓誌の類は朽ち果ててしまったのであろう。いっさい見つからなかった。しかし、膨大な量の副葬品がともに見つかり、その品々から、町民層の人々が埋葬されていたと判定された。当時の庶民の人物像を探るに申し分ない。

江戸時代の京町民は、小柄で丸顔、おちょぼ口で反っ歯、長頭の才槌頭、四肢が短く寸胴気味の胴長短脚、ずんぐりむっくりの体形の人が多数派。長顔で馬面の貴族顔や役者顔風の人もいた。成人の平均身長は男性が一五八センチほど、女性は一四四センチほどと推定できた。低身にしては身体量（体重）があったようで、いささか過大推定かもしれないが、成人男性は六〇キロあまり、女性は五〇キロあまりあったようだ。いずれにせよ、戦前までの日本人の体形を誇張したがごとき身体の人が多かった。

江戸時代の江戸町民と同様、梅毒が蔓延していたようで、ことに成人男性骨では四割ちかくの高頻度で、この病気に罹《かか》っていたと推定された。ほかに特記すべき疾患は虫歯であり、非常に軽度なものを含めると、見つかった歯の三割ほどで虫歯の兆候が認められた。おそらくは、砂糖の消費量が急増していたこと、まだ町民層では歯磨きの習慣がなかったことを証するのであろう。江戸時代の中期頃になると人骨の鉛濃度が高く、白粉の使用がポピュラーになったことなどに伴う鉛汚染の進行を物語る。

食性分析の結果、米が主食で魚貝類がタンパク質源となっていたようだ。平均寿命(正確には、出生児の平均余命)は四〇年たらず、乳幼児の死亡率が二割近くと高く、男性のほうが女性よりも長生きの傾向にあった。女性の場合、妊娠出産頃の死亡率が高かったようで、近代以前の人間の宿命であったようだ。

おわりに

人類学という鵺《ぬえ》のような学問を専門としてきた。なによりも人間主義、ことに「人間の身体」主義を看板に掲げてきた。人間の文化や社会のことなどではなく、人間の身体の時代的移り変わり、民族の身体的多様性、一人ひとりの身体的個性のことなどに強い関心をいだいてきた。ときに独奏者のようにありたいとも願い、有名なバイオリニスト、J・ハイフェッツが死のみぎわに残した「ソリストに必要なもの、それはパブの女将のバイタリティ、仏教僧の集中力、闘牛士の繊細さである」の言葉を座右の銘としてきた。

ともかく研究活動は縦横無尽だった。あれこれの分野に足を踏みいれては迷い、道なき道を彷徨してきた。ときに「見境ないですな」と言われながらも、一方で、「渡り鳥」のように、世界のあちこちのフィールドを飛びまわった。その一方で、「骨屋」ものの仕事。古人骨から古代人のことを考える骨考古学の研究にいそしんだ。おかげで、「書斎派」の蘊蓄はないものの、「考える足派」の思考法が身についた。

本書は、そんな私の生きかたから発想した試論である。日本史のようだが、そうではない。考古学のようだが、そうでもない。日本人論のようだが、そんな大それたものでは、さらさらない。それらの既成分野に食らいつき、私なりの異分野融合を試みたわけだ。

この書のキイワードは「身体史観」。それを骨考古学で味付けした。而《しか》して、日本人という民族の「氏《うじ》と育ち」の問題に近づけまいか、と念じた次第なり。日本人の歴史は起源論で片づくほどに単純ではなく、時代変容論だけで説明できるわけではない。そんな思いを文章化することはできまいか、と願ったのが執筆の動機である。

もとより、一人ひとりの身体は賜りもの。と同時に、われわれの文化や社会などと同様、歴史性を有する。長い歴史が積分された産物なのだ。ならば文化現象と同じこと、日本人なら日本人ならではの身体現象を読み解くことで歴史の流れを推説できまいか。身体もまた、推理小説がごとく輻輳する歴史を繙《ひもと》く手段とはなりえまいか。

あるいは歴史は時間を超えたドラマである。その主人公たちの人物像、生きかた死にざまを描けば、歴史学の醍醐味は格段に増すだろう。ところが、なぜだか歴史書の類に等身大の人物が登場するのは珍しい。あくまでも文化や社会のことが第一義的であり、つぎが事象や事件をめぐるエピソード。そして、その時々の習俗のことなどが、ちょぼちょぼ。

ことに人物表現は、どうでもよいかのごとき。とりわけ興ざめなのが織田信長の人物画。巨大な鼻と小さな口の組み合わせは人間離れ。そんな顔の人間など実在したわけがないほどの代物である。つまりは絵画芸術、フィクションなのだ。ところが歴史学の神髄は、あくまでもノンフィクションだから、そんな虚構は禁じ手ではあるまいか。じつは最近では、各時代の頭骨さえあれば、すぐれて写実的な人物像が復原できる。だから、当の人物の同時代人について、リアルな人物像を提示するのは、たやすいことなのだ。

ともかく身体史観とは、生身の人間を見る目線で歴史を考えること、リアリティのある人間が登場する歴史学を模索すること、もって、人間主義の歴史学を構築することである。そんなメッセージを発信したい。それが本書の意図なのだ。

ところで昨日、親しき人の葬儀に参列した。このところ、かつて人類学教室で共に過ごした人たちが次々と遠くに旅たつ。なんともわびしい。私自身も「人生七〇年古来稀なり」の齢を迎えた。「人生八〇年」の現代では、なにも珍しくはない年頃なのだが、私の個人史のことを考えると、よくぞここまで来たぞ、との思いがひとしおなのである。

最後に、本書の編集担当、筑摩書房の松田健さんに深く御礼申し上げたい。ともかく要領の悪い私は大いに助けられた。また、私の酔狂な申し出に協力いただいた西藤清秀さんと木下亘さん、さらにはイラストをお願いした佐々木玉季さんにも厚く御礼申し上げたい。

二〇一五年二月一二日、鈍孤庵にて

片山一道

参考文献

安里進・土肥直美『沖縄人はどこから来たか――「琉球＝沖縄人」の起源と成立』ボーダーインク、一九九九
石野博信『弥生興亡――女王・卑弥呼の登場』文英堂、二〇一〇
池田次郎『日本人の起源』講談社現代新書、一九八二
池田次郎『日本人のきた道』朝日選書、一九九八
稲田孝司・佐藤宏之（編）『旧石器時代』（上・下）、講座日本の考古学1・2、青木書店、二〇一〇
井上章一『日本に古代はあったのか』角川選書、二〇〇八
氏家幹人『江戸の病』講談社選書メチエ、二〇〇九
海部陽介・藤田祐樹「旧石器時代の日本列島人――港川人骨を再検討する」（『科学』八〇巻四号所収）、岩波書店、二〇一〇
片山一道『古人骨は語る――骨考古学ことはじめ』同朋舎、一九九〇（角川ソフィア文庫、一九九九）
片山一道『考える足――人はどこから来て、どこへ行くのか』日本経済新聞社、一九九九
片山一道『縄文人と「弥生人」――古人骨の事件簿』昭和堂、二〇〇〇
片山一道『古人骨は生きている』角川選書、二〇〇二
片山一道『骨考古学と身体史観――古人骨から探る日本列島の人びとの歴史』敬文舎、二〇一三
鬼頭宏『人口から読む日本の歴史』講談社学術文庫、二〇〇〇
日下宗一郎・片山一道「縄文人の実像にせまる」（阿形清和・森哲監修『生き物たちのつづれ織り　上』所収）、京都大学学術出版会、二〇一二

五味文彦・鳥海靖（編）『もういちど読む山川日本史』山川出版社、二〇〇九
小谷野敦『日本人のための世界史入門』新潮新書、二〇一三
小山修三『縄文時代――コンピュータ考古学による復元』中公新書、一九八四
斎藤成也『DNAから見た日本人』ちくま新書、二〇〇五
篠田謙一『日本人になった祖先たち――DNAから解明するその多元的構造』NHKブックス、二〇〇七
司馬遼太郎『壱岐・対馬の道』（街道をゆく13、新装版）、朝日文庫、二〇〇八
司馬遼太郎『台湾紀行』（街道をゆく40、新装版）、朝日文庫、二〇〇九
司馬遼太郎『オホーツク街道』（街道をゆく38、新装版）、朝日文庫、二〇〇九
鈴木隆雄『骨から見た日本人――古病理学が語る歴史』講談社選書メチエ、一九九八（講談社学術文庫、二〇一〇）
鈴木尚『日本人の骨』岩波新書、一九六三
鈴木尚『骨から見た日本人のルーツ』岩波新書、一九八三
鈴木尚『骨が語る日本史』学生社、一九九八
清家章『卑弥呼と女性首長』学生社、二〇一五
関晃『帰化人――古代の政治・経済・文化を語る』講談社学術文庫、二〇〇九
高宮広土『島の先史学――パラダイスではなかった沖縄諸島の先史時代』ボーダーインク、二〇〇五
都出比呂志（編）『古墳時代の王と民衆』（古代史復元6）、講談社、一九八九
百々幸雄「縄文人とアイヌは人種の孤島か？」（『遺伝』六一巻二号所収）、NTS、二〇〇七
百々幸雄・川久保善智・澤田純明・石田肇「頭蓋の形態小変異からみたアイヌとその隣人たちI」*Anthropological Science* (J. Series) 120(1), 2012
中橋孝博『日本人の起源――古人骨からルーツを探る』講談社選書メチエ、二〇〇五
埴原和郎（編）『日本人と日本文化の形成』朝倉書店、一九九三
埴原和郎『日本人の骨とルーツ』角川書店、一九九七

馬場悠男（編）『考古学と人類学』同成社、一九九八
春成秀爾『「明石原人」とは何であったか』ＮＨＫブックス、一九九四
春成秀爾『縄文社会論究』塙書房、二〇〇二
眞嶋亜有『「肌色」の憂鬱――近代日本の人種体験』中公叢書、二〇一四
Mallory, J.P., *The Origins of the Irish*, Thames & Hudson, 2013
松浦秀治・近藤恵「日本列島の旧石器時代人骨はどこまでさかのぼるか――化石骨の年代判定法」（『考古学と化学をむすぶ』所収）、東京大学出版会（ＵＰ選書）、二〇〇〇
松本秀雄『日本人は何処から来たか――血液型遺伝子から解く』ＮＨＫブックス、一九九二
南川雅男『日本人の食性――食性分析による日本人像の探究』敬文舎、二〇一四
山口敏『日本人の生いたち――自然人類学の視点から』みすず書房、一九九九
安田喜憲『環境考古学事始』ＮＨＫブックス、一九八〇（洋泉社ＭＣ新書、二〇〇七）
和田晴吾『古墳時代の葬制と他界観』吉川弘文館、二〇一四

ちくま新書
1126

骨《ほね》が語《かた》る日本人《にほんじん》の歴史《れきし》

二〇一五年五月一〇日　第一刷発行
二〇一六年九月二〇日　第十二刷発行

著者　片山一道（かたやま・かずみち）
発行者　山野浩一
発行所　株式会社　筑摩書房
東京都台東区蔵前二-五-三　郵便番号一一一-八七五五
振替〇〇一六〇-八-四一二三
装幀者　間村俊一
印刷・製本　三松堂印刷　株式会社

乱丁・落丁本の場合は、左記宛にご送付ください。
送料小社負担でお取り替えいたします。
ご注文・お問い合わせも左記へお願いいたします。
〒三三一-八五〇七　さいたま市北区櫛引町二-六〇四
筑摩書房サービスセンター　電話〇四八-六五一-〇〇五三

ISBN978-4-480-06831-6 C0245